生活因阅读而精彩

生活因阅读而精彩

文清◎著

没有糟糕的事情，只有糟糕的心情

中国华侨出版社

图书在版编目(CIP)数据

没有糟糕的事情,只有糟糕的心情 / 文清著.—北京:
中国华侨出版社,2013.9

ISBN 978-7-5113-4064-1

Ⅰ.①没… Ⅱ.①文… Ⅲ.①人生哲学–通俗读物
Ⅳ.①B821-49

中国版本图书馆 CIP 数据核字(2013)第219447 号

没有糟糕的事情,只有糟糕的心情

著　　者 / 文　清
责任编辑 / 月　阳
责任校对 / 李向荣

经　　销 / 新华书店
开　　本 / 787 毫米×1092 毫米　1/16　印张/17　字数/250 千字
印　　刷 / 北京建泰印刷有限公司
版　　次 / 2013 年 12 月第 1 版　2013 年 12 月第 1 次印刷
书　　号 / ISBN 978-7-5113-4064-1
定　　价 / 32.00 元

中国华侨出版社　北京市朝阳区静安里 26 号通成达大厦 3 层　邮编:100028
法律顾问:陈鹰律师事务所
编辑部:(010)64443056　　64443979
发行部:(010)64443051　　传真:(010)64439708
网址:www.oveaschin.com
E-mail:oveaschin@sina.com

前　言

　　人生是一场痛并快乐着的旅程，我们不可能一路坦途，有时也会被脚下的坎儿所绊倒。因此，不要太过担心，只要对幸福的生活永远抱有憧憬，就没有什么坎儿是过不去的。

　　不过，不是每个人都拥有一颗乐观的心。当磨难突然降临，总会有人被巨大的痛苦折磨得失去招架之力。在网络、报纸等媒介上，我们会不时看到有人因受到沉重打击而自杀的报道。这些被生活逼上绝路的人是值得同情的，也是可以理解的。

　　但是，就算生活再不顺利，痛苦再折磨人，也并不代表就只剩一条末路可走。有句话说得很好："没有过不去的坎儿，只有过不去的人。"那些曾遭遇相同磨难、相同失败、相同不友好待遇的人，有人彻底被打败，只能苟延残喘地生活着；有人却坚强地站了起来，并取得了辉煌的成就。

　　可以说，人生是由自己创造的，是精彩还是暗淡，都取决于你的意志力和创造力。就算命运将意外强加在你身上，就算身体变得残缺或者被病痛折磨，这也并不代表你的生命中只剩下灰色和冰冷。因为只要你愿意，你仍然可以通过学习来掌握一项新的能力，让生命变得更加有意义。诚如爱默生所说："每一种折磨或挫折，都隐藏着让人成功的种子。"

还有，就算你在学习、工作、婚姻或竞争中吃尽了苦头，怎么也到不了成功的终点，你也不应该就此放弃前行，也许再多走一步，你就走到了美景中。生命贵在坚持，只要你走的方向是对的，就一定能彻底告别失败和困苦。

为了让人们了解无论是在人生的哪个阶段或是哪种形态下，都没有过不去的坎，本书应运而出。本书共分九章，每一章各成体系，又相互联系，清晰地叙述了在漫漫人生路中，我们会被何种坎儿绊住脚以及相关的应对办法。

透过这本励志之作，您可以更深刻地了解没有过不去的火焰山，没有荡不平的荆棘路。当上天丢给我们一个难题时，也会给我们提供解决问题的办法；当我们在寒冷的冬天里瑟瑟发抖到无法忍受时，春天会迈着轻快的步子缓缓而来；当我们过于固执，因钻牛角尖而走进死胡同时，只要原路返回，就能退回到宽敞的大路上。

总之，全文句句情真意切，字字饱含哲理，希望此书能给您的心灵带来一些启发，给您的生活带来一些帮助。

Contents 目录

第一辑 | **给生活多一点微笑：**
没有过不去的事，只有过不去的人

不管生活是像一首歌一样轻快悠扬，还是像一把刀一样冰冷无情，我们能做的就是尽量微笑。微笑着改变自己，让自己去适应各种好的或不好的环境；微笑着面对压力，让压力变成成就我们的动力；微笑着面对失去的美好，让未来的更多的美好来光临我们的生活。要相信，微笑能够将悲剧变化成喜剧。

Contents 目录

第二辑 **给苦难多一点感恩：**
少了曾经的伤痛，就没有现在的坚强

生命是建立在苦难之上的。当苦难降临时，有的人跟着一飞冲天，有的人却因此一蹶不振。每个人都会经历苦难，苦难是人生的一次考验。在苦难面前摇头，就无法在幸福面前低头微笑。当你觉得快要被苦难打倒时，就忍住痛苦再试一次，也许下一次你就握住了幸福的手。要知道，苦难的尽头是甘甜。

第三辑 | **给困惑多一点开释：**
生活不是单行道,无路可走时别忘了转弯

　　漫漫人生路上,我们总会思考很多问题,有思考就会有困惑。有些困惑时间一到,就会自动消失,无须过于纠结;有些困惑来源于实实在在的麻烦,让我们不得不马上找到应对方法。有时候应对方法很简单,就是绕过去。须知,我们前面不会只存在一条路,懂得变通才能柳暗花明。

Contents 目录

第四辑 　**给失利多一点信心：**
　　　　　成功和失败之间，只隔着一点坚持

　　不管是考试、比赛失利，还是创业失利，都会让人感到沮丧。但失利并不意味着永远的失败，懂得坚持的人，会带着失利赐予他的经验，潇洒地走到成功的彼岸。相比一路顺风的人，那些在跌倒后爬起来，并最终走向成功的人更能体会出成功的意义。不要因为一次失利就彻底放弃，失利后，忍痛继续前行，你才能看到胜利的曙光。

第五辑 **给冷漠多一点理解：**
承受别人的瞧不起，才能赢回别人的笑脸

这个世界不缺乏温暖，但偶尔也会被冷漠充斥。如果有人对你表露出瞧不起、轻视等冷漠态度时，只要你觉得自己并无过错，就无须为此感到愤怒或羞愧。你要做的就是强大内心，壮大实力，将那些辱没当作激励你前进的动力。当然，不是所有冷漠都是恶意的，当别人对我们冷漠时，我们要给予理解，争取用热情将别人的冷漠融化。

Contents 目录

第六辑 | **给怯懦多一点鼓舞：**
敢想更要敢做，人生境遇靠行动改变

怯懦既像是一块绊脚石，让我们走起路来畏首畏尾；又像一味毒药，专门蒙蔽我们那颗勇敢的心。想要走得顺畅，活得精彩，我们就要将怯懦打败。一般来说，怯懦多源于对自己的不自信以及自身能力的欠缺，如果我们能够不时地鼓励自己，并且不断加强自身能力，怯懦在我们心头就会失去立足之地。

第七辑 **给僵持多一点温暖：**
用包容面对世事，没有打不开的心结

在人与人的交往中，难免会遇到矛盾，当双方互不相让时，就会形成僵持局面。僵持久了，就会对生活造成影响。其实，僵持是很容易就能打破的，有时候只需一句暖心的话。当然，打破僵持最主要的就是要有一颗包容之心。俗话说，退一步海阔天空，当对方不肯相让时，你何不主动后退一步？

Contents 目录

第八辑 **给婚姻多一点信任：**
因爱而相聚，爱可以带人走出困局

　　婚姻不是围城，而是一座开满鲜花的城堡。如果你没有收获芬芳四溢的鲜花，可能是忘记了播种。不要说婚姻正一点点将爱情消磨，再浪漫的爱情也需要精心的呵护，就如呵护一朵娇艳的花。想要和伴侣在婚姻城堡中永远幸福下去，就要懂得包容、理解和欣赏。家和万事兴，和另一半携手同行，就没有什么困苦是走不出的。

第九辑 | **给对手多一点掌声：**
别畏惧竞争，对手是你成功的另一双手

　　人皆会遇到对手。懦弱的人认为对手是障碍,会阻碍我们前进的步伐;强者认为对手是力量,会推动我们不断创造辉煌。其实在某些时候,真正激励我们走出困境、走向成功的,不是亲人和朋友,不是鲜花和掌声,而是那些想将我们彻底打败的对手。面对能够成就我们的对手,我们应该感激、超越,而不是痛恨、害怕。

第一辑

给生活多一点微笑：

没有过不去的事，只有过不去的人

不管生活是像一首歌一样轻快悠扬，还是像一把刀一样冰冷无情，我们能做的就是尽量微笑。微笑着改变自己，让自己去适应各种好的或不好的环境；微笑着面对压力，让压力变成就我们的动力；微笑着面对失去的美好，让未来的更多的美好来光临我们的生活。要相信，微笑能够将悲剧变化成喜剧。

01. 生活不公平，自己给自己公平

有的人一辈子健健康康，有的人却天生残疾；有的人生于名门，享尽荣华，有的人却生于贫穷，受尽穷苦；有的人一帆风顺得似乎老天都在为他一路开绿灯，有的人却在付出巨大努力后，仍然处处碰壁，甚至叫天天不应，叫地地不灵。

当遭遇生活的不公时，很多人会叫苦连天、自暴自弃、怨天尤人，整天活在忧郁之中。而这样的一种状态，势必会将自己推向一个更糟糕的境地。

试想，如果你大学毕业后被分在基层工作，你一边愤愤不平，一边敷衍工作，那么你会有升职的机会吗？恐怕不能，你连最简单的事情都做不好，老板又怎么会给你安排更有难度、更高级的工作呢？

在这个世界上，每一个人都期盼着公平，孩子们总是喜欢公平的游戏规则，成年人希望获得公平的竞争机会。但是，绝对的公平是根本不存在的。因为上天眷顾的人只是少数，而我们却是那大多数中的一分子……

既然这样，我们何必对那些不公平耿耿于怀呢？何不把这些坎当作生活对我们的挑战，努力做好该做的事情，自己给自己一个公平？

翻看那些成功人士的履历，他们之所以能够成功，就是因为无论生活是公平的还是不公平的，他们都坚持自己给自己公平。在这方面，当代最伟大的科学家斯蒂芬·威廉·霍金是一个经典的楷模。

"我的手指还能活动，我的大脑还能思考，我有终生追求的理想，我有爱我和我爱着的亲人和朋友，我还有一颗感恩的心。"这段豁达而乐观的文字，正是出自霍金——一位在轮椅上生活了几十年的残疾人之手。

霍金并不是一生下来就坐轮椅。青年时代，霍金是牛津大学公认的最有前途的明星学生，曾获得过一等荣誉学位。但是在他大三那年，却发现自己身上突然出现了一种奇怪的症状，即手脚逐渐变得不利索，甚至有时候还会无缘无故地跌倒。

专家在为霍金做了各种医学测试之后，判定这是一种罕见的肌肉萎缩性侧索硬化症，即运动神经病，而且会继续恶化，但是对于治疗，专家也无能为力，这就意味着霍金要带着他虚弱无力的身体，在轮椅上度过余生。

祸不单行，1985 年，也就是全身瘫痪数十年后，霍金再一次遭受灾难性的打击。他感染了肺炎，因此，医生不得不为他进行气管切开手术，也就是在脖子及气管上直接切口形成通气孔，这样一来，他永远失去了说话的能力。

尽管生活对霍金如此不公平，夺走了他健康灵活的双腿，夺走了他与人正常交流的说话能力，留给了他无尽的病痛，但是，霍金没有抱怨生活的不公，他说："生活是不公平的，不管你的境遇如何，你只能全力以赴！"

霍金积极乐观地适应生活，不断地改造自我，如今他已经成为世界上最著名的物理学家，拥有 3 个孩子，1 个孙子，12 个荣誉学位，是英国皇家协会的特别会员，还获得了很多奖项和勋章。

命运对霍金非常不公平，在常人看来简直是苛刻得不能再苛刻了：他腿不能站，身不能动，口也不能说。可他并没有抱怨生活的不公，而是积极乐观地改变自己，最终他为自己争取到了公平，赢得了成功而精彩的人生！

当今社会竞争激烈，即便你有满腹的才华，也不可能一下子升任企业的高层，不得不从公司最基层的工作做起。那么，有什么办法来改变这一切呢？其实，唯一的方法只有改变自己，争取公平，依靠自己的努力迈出这道坎。

高中时期是人生的一大转折点，但就在这关键期，她居然病倒了，而且一躺就是半年，与梦寐以求的大学失之交臂。病好之后，为了把病中耗费的四年给"挣"回来，也为了给并不富裕的家庭省点钱，她参加高等教育自学考试。

拿到自考专科毕业证书后，她进入 IBM 公司，做起了"行政专员"，这种工作与每天打杂无异，什么都干。她不但要负责打扫办公室卫生，而是还要负责给人端茶倒水，几乎没有人注意她、在意她。

一次，因为没有带工作证，公司的保安把她挡在了门外，不让她进去。而其他没有佩戴工作证的人却可以自如地进出。她质问保安："别人也没有带工作证，你为什么让他们进去？"得到的回答却是："他们都是公司白领，你和人家不一样！"

她感觉自己的自尊心被人当众踩在脚下。她看着自己寒酸的衣装、老土的打扮，再看看那些衣着整洁、气质不凡的白领们，便在心里发誓："命运为什么这么不公平？难道我真的只能做端茶倒水的工作吗？不行，我要努力缩小与这些人的差距，今天我以 IBM 为荣，明天要让 IBM 以我为荣！"

此后，她利用所有的闲暇时间来充实自己。由于什么都要从头学起，她每天都是第一个来公司，最后一个离开，还常常熬夜到两三点，有几次居然晕倒在办公室，不过努力换来的回报就是她很快成了一名业务代表。而后，又通过几年的认真学习和实践锻炼，她的工作能力越来越突出，最终被任命为 IBM 公司的中国区总经理，并被人誉为"打工皇后"。

出身贫困、没有学历，这位打工皇后面临了太多的不公平，但是她最终凭借着"与不公命运抗衡"的魄力取得了令人瞩目的成就。这个事例告诉我们一个道理：不必倾注全部心力寄望于改变生活的不公，努力改变自己，才能生存和发展。

不要再一味地埋怨生活的不公平了，也不要奢望自己成为上天的宠儿。不要愤慨，暂且忍耐，接受诸多不公平的待遇，认真思考如何更好地去适应生活的不公，慢慢地将不公平变为公平吧！这样，相信成功一定会到来。

02. 改变自己，适应环境

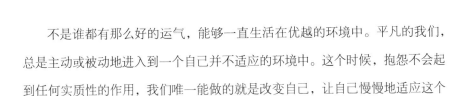

不是谁都有那么好的运气，能够一直生活在优越的环境中。平凡的我们，总是主动或被动地进入到一个自己并不适应的环境中。这个时候，抱怨不会起到任何实质性的作用，我们唯一能做的就是改变自己，让自己慢慢地适应这个环境。

说起主动适应环境，鲨鱼算得上是大千世界中的佼佼者。鲨鱼全身只有软骨，没有一块坚硬的骨头。在海里来回游走时，它会根据水温随时随地自我调适，永不停息。正因为这种适应性，鲨鱼在地球上已经生存了一万五千年之久。

鲨鱼的现状很好地验证了"适者生存，不适者淘汰"这句话。我们每个人，想要摆脱被淘汰的命运，就要努力改变自己，让自己去适应这个环境。正所谓世界不在我们的掌握之中，但我们却可以将命运掌握在手中。

我们常说"穷则变，变则通"，变通的目的是为了摆脱现在的困境，以达

第一辑　给生活多一点微笑

到理想的目标。一个人处于什么样的环境里，通常是自己无法决定，而又难以改变的。我们能做的，就是改变自己固有的心态、思维和行为，来适应环境。

我们先来分享一个小故事。

很久以前，有一个国家，人们常年都是赤脚走路的。

有一位国君到某个偏僻的乡间旅行，因为路面崎岖不平，有很多碎石头，刺得他的脚又痛又麻。国君回到王宫后，随即下了一道命令，要将国内的所有道路都铺上一层牛皮。他认为这是一件利国利民的好事，不只是为了自己，还可造福他的子民，这样人们在走路时就不再受刺痛之苦了。

可是国土辽阔，就算是杀光全国的牛，也筹不到足够的皮革，而所花费的金钱、动用的人力，更是不计其数。尽管人们知道这个事情不但无法做到，而且还相当愚蠢，可谁也不敢违抗国君的命令，只能摇头叹息。

后来，有个聪明的仆人想出了一个办法，他大胆向国君提出谏言："国君啊，您为什么一定要劳师动众，牺牲那么多头牛，花费那么多金钱呢？您何不用两小片牛皮包住您的脚呀？这样不是也可以保护好脚部吗？"

国君采纳了这个建议，一试果然有效又简单，鞋子就这样发明了出来。

改变自己来适应环境，你会发现路还是原来的路，境遇还是原来的境遇，但路和境遇所给予我们的感受却截然不同了。当我们的选择变得多样而灵活起来，就会有一种"柳暗花明又一村"的感觉。

适应环境是生存的必要保证，特别是在世界日新月异、一日千里的新经济时代，只有不断地改变自己，才能获得"相信我能"的资本，才能够随时应对世界的巨变。这也是我们取得发展、获得成功的明智之选。

李凯轩在一家贸易公司上班，到公司工作一年多了，老板不提拔他不说，连工资都不给他涨，这让李凯轩慨叹自己生不逢时，整天过着苦闷的生活，他愤愤地对朋友抱怨："为什么我老觉得自己与公司格格不入呢？"

李凯轩的这位朋友是一个事业比较成功的人，他沉默了一会儿，对李凯轩说："要我说啊，你应该把商业文书和公司组织完全搞通，甚至连怎么修理影印机的小故障都学会，然后再辞职不干。"

见李凯轩不解地望着自己，朋友解释道："你们公司怎么着也算一个大公司，你豁达乐观一点，把公司当作免费学习的地方，什么东西都学通了之后，再一走了之，不是既出了气，又有许多收获吗？这样才值！"

李凯轩听从了朋友的建议，从此便埋头苦学，甚至下班之后，还留在办公室研究写商业文书的方法。半年后，他找到朋友，欣喜地说："近半年来，老板对我刮目相看，给我加了好几次薪水，并对我委以重任，我已经成为公司的红人了。"

"这是我早就料到的。"他的朋友笑着说，"当初你的老板不重视你，是因为你的能力不足，却又不努力工作，没有业绩。而后你痛下苦功，能力提高了，又能为公司创造效益了，老板当然就对你刮目相看了。"

这时候，李凯轩抢着说："我明白了，既然公司环境是不可改变的，那就改变自己，融入并适应这个环境，使自己变得更加强大。只有这样，我们才能够得到老板的重视，离成功越来越近。"

世界上并不只有你一个人，地球也不只是为你而转，不可能所有的事情都按照你的意愿发展。面对一个强大的你不喜欢的环境，你的反抗是徒劳的，唯一的办法就是改变自己，适应环境。

因此我们说，处于什么样的环境并不重要，重要的是你的选择：是将改变境遇的希望寄托在改换环境方面，还是豁达乐观地面对不如意，用毅力去改变自己，使自己适应环境，这就看你如何把握了。

改变自己，适应环境，相信我能，从此刻开始！

当然，改变自己不是没有原则地改变，关键是审时度势，把握好尺度。既不能一味地妥协让步，也不能盲目地随波逐流，否则适应就变成了世故与圆滑，反而偏离了正确的目标，阻碍了以后更好的发展。

03. 学会接纳挫折和失败，才会走向成功

如果把人生比作一个调味瓶的话，那么除了甜美，还会有其他的味道在其中。试想一下，如果每天你吃的都是甜，那久而久之也就没有什么味道了。苦辣的味道虽然并不可口，但这些能丰富你的味觉。我们只有接纳不同的人生味道，才能使自己的人生变得精彩。

要相信，上天是公平的，当关掉了你的一扇窗的时候，必定会给你打开另一扇窗。只要我们能够勇敢地接纳这些事情，就算身处绝境，也不会自暴自弃。所以，无论什么时候，我们都可以用一种接纳的心态去面对。我们不必羡慕别人外表的风光，不必嘲笑失意的落魄者，也无须抱怨命运的折磨。无论是福还是祸，只要我们肯去认真接纳，总会有美好的时刻来临。我们在前进的路上，常常是历经"山重水复疑无路"的逆境，几经奋斗，才迎来了"柳暗花明又一村"的坦途。任何成功者的背后都有平凡的一面，我们在看到成功者辉煌的时候，往往却忽略了他们背后的东西。

在国外，有一位知名的演唱家，在她还是一个孩子的时候，就开始在世界各地巡回演出。当她长大以后，也有了自己的家庭。

在外人眼中，她是那么的幸运，年少成名，事业有成，家庭美满，还有自己的两个孩子……有一天，在一次演唱会结束后，一位记者采访她："对于你现在的一切，你是不是感觉自己特别受到上帝的眷顾呢？"

女歌唱家望着台下黑压压的一片记者，沉默了一会儿。然后缓缓地说道："谢谢大家一直以来对我的关心和关注，我也十分乐意与你们分享快乐。只是，我有件事需要告诉大家，你们只是看到我风光的一面，但在我的背后还有一些你们不知道的事情。我是有两个孩子，他们从不在公众面前出现，很多人以为我这是保护他们，但我的儿子其实是一个哑巴，而且，他还有一个姐姐，那是一个常年需要住进医院的精神分裂症患者。"

听到这样的话，在场所有的人都变得沉默了，他们面面相觑，却不知道该说些什么，因为他们不敢相信这一切都是真的。看到众人诧异的表情，歌唱家平和地对大家说："其实，这一切都只能说明一个问题，只要肯接纳现实，生活美好的地方依然有很多，上天对谁都是公平的，都不会特别偏爱某个人。"

一只蝴蝶，只有经历破茧而出的苦痛后才能翩然起舞；一只雏鹰，只有经过无数次的练习后才能在天空中展翅飞翔；一枝梅花，只有历经风雪严寒后才能绽放出美丽的花朵。

我们总是羡慕别人的成功，可我们看到的往往是成功者表面的风光，又哪里会想到，为了今天的成功，他们曾经付出了多少的拼搏与艰辛。要想获得自己想要的生活，除了要历经磨难之外，更重要的是学会接纳。

我们在生活中，常常会遭遇不顺心的事情，对于缺点和不足，我们始终要怀抱着一颗容纳的心。如果一直不肯将缺点接纳下来，那我们永远也感受不到幸福的存在。

　　一位新婚不久的妻子，还没有度完蜜月就开始向父母不断地抱怨，她对自己现在的丈夫极度不满。在这位妻子眼里，丈夫身上充满了各种缺点，甚至这些缺点到了让人无法忍受的程度。比如，丈夫做事细致，但太过迟缓；丈夫说话不够浪漫而太过平实；丈夫上班前竟忘记给她一个热吻……

　　她的父亲听到女儿的抱怨后，什么也没说，只是拿出了一张纸，然后在上面滴下一滴墨水，问女儿："女儿，你看这是什么？"

　　女儿答道："这是黑点。"

　　"你再仔细看看。"父亲又说道。

　　女儿仍回答："不错，就是黑点呀！"

　　父亲摇了摇头，说："难道除了黑点，你就没看见还有这么大的一张白纸吗？"

　　回到了家中，女儿终于明白了父亲的意思。当她再去观察丈夫的时候，竟发现了丈夫的种种优点，妻子也开始明白：并不是丈夫不好，而是自己的眼睛里看到的只是丈夫的缺点，却看不到丈夫的优点，故而烦恼。

　　当我们心中只接纳黑点的时候，就会看不到白纸，于是，我们眼中就是一个完全黑色的世界，它将带给我们压抑、失望、焦虑，等等；如果我们注意的是整张白纸而不是黑点，那么，我们心灵的天空就必然洁白、明朗、宁静，烦恼和痛苦也就会离我们而去。

　　没有完美的人生，我们唯一能做的就是接受这种不完美。学会接纳是一个人不断成熟的过程，学会接纳也是成功者的必备品质。当我们能够坦然接受别人的缺点，坦然看待生活给予我们的压力和磨难的时候，我们也就成熟了。生活中，随随便便就能成功那只是白日做梦，唯有历尽艰难困苦，我们才能够登上巅峰。要想达到这一效果，我们不仅需要足够的努力，更需要宽广的胸襟去接纳挫折和失败。

04. 换个看法，就能换个心情

有些人总是会被外在环境所影响，稍有一点风吹草动，就觉得事情已经非常严重，并因此郁郁寡欢。其实，很多时候，换个看法，原本沉重的心情就会很不一样。

想要评估自己会不会被外在环境影响，可以考虑这样几个问题：如果今天阳光灿烂、空气湿润、和风煦煦，你会觉得精神振奋、心情舒畅吗？如果一连十几天阴雨绵绵，你是否会感到灰暗郁积于胸，心情莫名地烦躁易怒？

如果你的回答是肯定的，这就说明，你是个易受外在环境影响的人。你可能会把心情的好坏归于天气变化，但真的是天气在影响我们吗？

事实上，天气的好坏对人的心情的确有一定的影响，但是与其说是天气这些外在的客观因素在影响我们的心情，不如说是我们在为自己的消极心态寻找庇护和借口。事实上，真正影响我们心情的只有我们自己。

寓言故事《哭婆婆，笑婆婆》就是最好的证明。

一个老太太不管是晴天还是雨天都整天坐在路口哭，因为她的大女儿是卖伞的，二女儿是卖布鞋的。下雨时她哭是因为今天二女儿没生意，晴天时她又

第一辑　给生活多一点微笑

替卖伞的大女儿难过，所以人称她为"哭婆婆"。

一天，一位禅师遇到了哭婆婆，一语把她从迷雾中拉了回来，禅师说："老人家大可不必天天忧心，下雨的时候，你要想卖伞的女儿生意好，天晴的时候你要想卖鞋的女儿卖得好，这样你自然就不会哭了。"

听了禅师的一番话，老太太顿悟。从此，街头便有了一个总是乐呵呵的"笑婆婆"。

我们不能主宰天气，但是可以主宰自己的心情，如果任天气牵着鼻子走，那真是一件不太妙的事情。哭婆婆变成了笑婆婆，这里的关键不在于天气发生了变化，而在于她看待事情的角度发生了改变。

可见，心情的好坏完全取决于我们的看法，而不是其他外界因素。正如心情沮丧的时候，即使风和日丽，我们也会感到黑云压日；心境愉快的时候，就算是雷声滚滚的恶劣天气，我们也一样觉得阳光明媚。正如这样一句话："心晴的时候，雨也是晴；心雨的时候，晴也是雨。"

有这样一个秀才赶考的故事，也能说明我们的看法能够影响我们的心情。

在明朝年间，有个秀才进京赶考，住在京城一家客栈里。考试前的某一个晚上，他做了两个梦。一个是梦见自己在墙壁上种白菜，一个是梦见自己在下雨天既戴斗笠又打伞。秀才醒来后觉得这两个梦定有深意，便去找算命先生解梦。

听完秀才的讲述，算命先生连拍大腿说："你还是趁早回家吧，你想想，在高墙上种菜，不是白费劲吗？既戴斗笠又打伞，不是多此一举吗？"秀才一听，顿时灰心丧气，一回客栈便收拾行李准备回家。

店老板觉得奇怪，就问他："你不马上就要考试了吗，怎么这个时候就回去？"秀才叹口气，把做梦与解梦的事告诉了店老板。

店老板听完笑着说："我也会解梦的，我觉得你这次一定要留下来。你想想，墙上种白菜，不是高种吗？既戴斗笠又打伞，不是双层保险，有备无患吗？"秀才听了觉得更有道理，于是心情大好，信心大增，果然在考试中发挥不错，中了个探花。

换个看法，就能换个心情，换个心情就可能换一个截然不同的结局。当然，如果你的心情是高兴的，结果也会朝着好的方面发展，就如故事中的秀才一样。

世间的诸多事情，像天气的阴晴雨雪一样是我们所不能改变的。虽然不能改变，但是我们可以尽可能地往好的方面想，并且始终保持一个乐观的心态，这样我们就可以找到新的快乐，不会被众多烦琐、麻烦的事情伤害到。

看过电影《监狱风云》的人，对那位由影星吉尼威尔德饰演的名叫亨利的男子印象一定非常深刻。他是一个笑口常开的人，没有任何事情能够影响他的心情，没有人能以任何方式夺走他的喜乐。

当亨利被误判入狱时，所有狱官都看他不顺眼，常常找他麻烦。

有一次，狱官将亨利用手铐吊起来，这是一种令人非常不舒服的虐待方式。但是，几天之后，亨利却没有大喊冤枉，义愤难平，而是笑着对狱官说："你们对我太好了，谢谢你们治好了我的背痛。"

之后，狱官又将亨利关进一个因日晒而高温的锡箱中。但是，当他们放亨利出来时，亨利竟然还能在脸上挂上一个大大的笑容，央求道："喔，拜托再让我待一天，我正开始觉得有趣呢。"

最后，狱官将亨利和一位重三百磅的杀人犯古斯博士一同关进一间小密室。古斯博士心情抑郁，他的凶恶在狱中十分有名。然而，令人惊讶的是，亨利居然和古斯博士谈笑风生，还无比快乐地玩起了纸牌。

喜乐操控在我，亨利只不过是选择了以快乐作为自己的守护神，而没有让自己的情绪受外在的客观因素影响。当遭遇悲伤的事情时，我们不妨也及时转换心情，进而拥有阳光般的明媚心情。

记住，晴天或者阴天，以及所有像天气一样的外界因素都无法左右我们的心情，真正的关键在于我们自己的看法。无论在任何时候，只要你相信自己有好心情，无论是谁都不能将坏心情强塞给你。

05. 走出来，不要只站在墙角看问题

有些人总爱站在墙角看问题，从而导致看得不够全面，这样就很容易让自己走进一个死胡同。对于这些人来说，生命的坎好像总比别人多，因为他们总不愿意站到更广阔的地方去。如果将眼光放得长远些，不再片面地看问题，就不会遇到那些坎儿。

有一句话说得很好："心有多宽，舞台就有多广。"如果你常常抱怨世界不够大，自己施展才华的舞台不够广，不妨扪心自问，你是不是把自己局限起来了，是不是总站在墙角看问题。

一个城里的孩子去乡下体验生活，花 100 美元从一个农民那里要买一头驴。这个农民接过钱，同意第二天把驴牵给他，但是第二天当男孩来找农民时，他被告知驴子死了，钱也花光没法退了。

男孩凝神想了想，就让农民把那头死驴给了他。几天后，农民遇到了男孩，问他是如何处置死驴的。男孩说："我在热闹的市集上举办了一场幸运抽奖活动，奖品就是那头驴，我卖出了 500 张彩票，每张 2 美元。"多年后，男孩成了一家大公司的总裁。

在这个故事中，男孩花 100 美元买了一头死驴，应该说是十分倒霉的，如果换作其他人，或许早就跟农民吵起来了，或者把驴以生驴肉的价格卖掉了。但男孩没有这样做，他打破常规，站在更远更高的位置上，想出了一个全新的能扭转形势的办法。

不站在墙角看问题，除了要善于变通外，还包括不死缠住一个问题不放。有些事情在刚刚发生时，可能会让我们痛不欲生，但生命还很长，我们能够创造的快乐还很多。如果我们能多想想快乐的事情，多想想以后多彩的人生，痛苦就会慢慢减淡，直至不再对我们的生活造成影响。

让我们回首一下自己走过的路，有没有曾为一些鸡毛蒜皮的小事整夜睡不着觉，有没有因为别人的斥责耿耿于怀很多年。重新再看，也许会感到那些曾让我们觉得难以跨越的坎，其实根本不值一提。

是的，没有什么事情是过不去的，再痛苦、再不幸也只是生命轨迹中的一个过程，只要走出束缚我们心情的墙角，把心灵放大，眼前的一切不快都会成为永远的过去。如果太过于计较眼前的一些痛苦和烦恼，那样只会缩小我们的内心。只有走出去，才能使我们的心胸更加宽广。

下个月琳琳就要和男友举办婚礼了，但悲剧却突然降临，琳琳的男友出了

意外，死于交通事故。一时间，琳琳觉得天都要坍塌下来了，整日以泪洗面，不但辞去了工作，而且天天把自己关在屋内，不与别人说话。

琳琳一直沉陷在回忆中，本来就爱钻牛角尖的一个人，如今变得更加执拗。她的家人和朋友为了让她赶快忘记，带她出国旅游，还给她介绍新的异性朋友。但琳琳心灰意冷，在异国他乡的街头，她总是盯着来来往往的车辆发呆，有时候甚至会流泪不止。和新的异性朋友在咖啡厅喝咖啡时，她总是盯着对方的眼睛看，他觉得那双眼睛和他未婚夫像极了。

一晃就是半年，在大家都以为琳琳已经有所好转时，她却突然失踪了。最后，大家得到消息：穿着婚纱的琳琳拿着未婚夫的相片义无反顾地冲进了车流中，结束了自己的生命。

琳琳的"站在墙角看问题"和"走不出"最终造成了悲剧的发生，或许这样的选择可以将自己心中的痛苦终结，但这是最懦弱也最不负责任的一种做法。如果能再忍一忍、再坚强一点，也许没多久就能摆脱回忆的困扰，开始新的人生。

佛家有云："今日的执着，终会造就明日的后悔。"过于执着于错误的事情，我们的内心就无法得到平静，也无法获得快乐。而站在"墙角"看问题，就很容易让我们执着于错误的事情，会让我们的痛苦越积越多。当痛苦沉重到一定程度，我们的生命就很可能负担不起。

如果我们能放下心中的执念，走出那低矮的遮住我们目光的墙角，不再纠结于过去或者错误的事情，我们就会发现事情还有很多种解决的方法。

06. 唤醒内心热情，充满激情地面对每一天

每个人都具有火热的激情，它是人自身潜在的财富，等待着被开发利用。可大多数人每天都在重复着千篇一律的工作，如此单调而机械的生活，你是否经常会感到疲惫呢？是否感觉工作的时候经常打不起精神呢？工作业绩也随之日渐下降？如此，又怎会有信心走好以后的路呢?!

刘凯今年35岁，还在一家电器公司做小职员。凭他的学历、资历、经验，完全可以胜任公司管理层的职务。这是怎么回事呢？原来他从来没有在一个公司工作超过两年，一直在不停地跳槽。

为何不停跳槽呢？对此，刘凯解释道："每次找到新工作以后，刚开始时我总是充满激情，但是三个月之后我就会觉得疲惫，以后的日子完全就是抱着当一天和尚撞一天钟的想法，一点意思也没有，只好寻找下一份工作。"

在这个例子中，刘凯因为不能摆脱对工作的厌倦心理，所以总是觉得工作没有意思，并且不停地跳槽，以至于不能升迁、信心受挫。可想而知，他的未来不会多么如意，身心将一直被疲倦所折磨。

难道就这样一直消沉下去吗？那么该如何摆脱这种心理疲倦的困扰呢？唯一的办法就是让自己静下心来，唤起自己对工作的热情。激情是一种强劲的激动情绪，一种对人、事、物和信仰的强烈情感。

有句话说："一个优秀的员工，最重要的素质不是能力，而是对工作的热情。"的确，一个充满工作热情的人，会保持高度的自觉性，把全身的每一个细胞都调动起来，驱使自己完成内心渴望达成的目标，如此，自然就能克服心理疲倦，尽自己最大的能力做好手头的工作，那么未来便充满了无限的可能。

刚转入职业棒球界不久，弗兰克·贝特格就遭到了有生以来最大的打击——他被开除了。老板给他的理由是："你的动作无力，无精打采，看起来疲惫不堪，哪像是一名职业棒球工作人员，我认为你不适合我们这里。"

这是令人沮丧的事情，弗兰克静下心来思考了自己的问题所在，进入纽黑文队时他下定决心要成为最有激情的球员，并且他成功地做到了。一上场，他就像充足了电的勇士在球场上奔来跑去，快速强力地击出高球，他的激情不仅感染了整个球队，还引爆了全场观众的热情。出色的表现让教练对他赞赏不已。很快，弗兰克的月薪从 25 美元涨到 185 美元，还被评选为英格兰最具热情的球员。

从球队退役后，弗兰克转行去做保险推销。最初的十个月非常糟糕，客户总是在他没有把话说完的时候就把他赶走。弗兰克对这份工作失望极了，觉得每一天都是煎熬，于是便考虑换一份工作。后来，他的老师卡耐基先生一语道破玄机："弗兰克，你推销时的言语一点生气都没有，如果换成是我，也不会买你的保险。"

这是一个重要的忠告，弗兰克想到自己为何业绩不好，身心疲惫了，于是他决定用自己打球时的激情来好好推销保险。一天，弗兰克走进一家公司，鼓起自己全部的勇气和热情向负责人推销保险。最终，那位负责人接受了弗兰克的提议，买了一份人寿保险。也是从那天开始，弗兰克成了一个真正的推销员。

后来，弗兰克提到自己推销保险的成功经验时，说："在我十几年的推销生涯中，我看到许多有激情的推销员的收入成倍地增加，也看到了很多人因为没有工作的激情而疲惫不堪、一事无成。而我自己，差点就成了他们中的一员。"

弗兰克·贝特格在事业上有所成就，与其说是取决于他的才能，不如说是取决于他的激情。当你对一份工作产生厌倦心理时，不要盲目地混日子，更不要急于跳槽，不妨像弗兰克那样激发自己体内的激情。

不管你是否意识到，激情是人人都具有的，它深埋在每个人的心灵之中，是人自身潜在的财富，等待着被开发利用。只要你静下心来调整心态，积极地看待自己的工作，那么你的精神面貌将大不一样。

07.　99%的烦恼其实都不会发生

生命本身是一张空白的画布，随便你在上面怎么画，你可以将痛苦画上去，也可以将快乐画上去。

有一只兀鹰，猛烈地啄着一位村夫。村夫的靴子和袜子被撕成了碎片，于是兀鹰便狠狠地啄起了村夫的双脚。而村夫则趴在地上，以一副痛苦不堪的表情，看着自己的双脚慢慢流出红色的鲜血，默不作声地忍受着疼痛的折磨。

这时有一位绅士经过，不禁驻足问村夫："你为什么要忍受兀鹰啄食呢？"

村夫答道："你有所不知，我也是没有办法啊！这只兀鹰刚开始袭击我的时候，我曾经试图赶走它，但是它的力量太大了，真是太可怕了，它几乎要啄食我的脑袋，因此我才迫不得已地要它啄食双脚呀！"

绅士说："你只要一枪就可以结果它的性命呀！"

村夫强忍着被撕扯的痛苦，呻吟着："真的吗？那么你助我一臂之力好吗？看见了吗，我的枪就在那棵树底下，你过去拿枪吧。当然，如果你不肯帮忙也没有关系，因为无论如何，我都会忍下去的。"

"我很乐意。"绅士飞快地跑去拿枪，但就在绅士转身的瞬间，兀鹰将头部后仰，蓦然把它的利喙掷向村夫的咽喉，深深插入。村夫最终仆死在地上。令人稍感安慰的是，兀鹰也因太过费力，淹溺在村夫的血里。

看完故事，相信很多人会发出这样的疑问："村夫为什么不自己去拿枪结束掉兀鹰的性命，却宁愿像傻瓜一样忍受兀鹰的袭击？"但是，当得知这里的兀鹰只是一个比喻，它只是象征着萦绕人生的痛苦时，这就不难理解了。

在现实生活中，其实很多人会不知不觉地像村夫一样，沉溺于各种痛苦中不能自拔，甚至"爱"上自己的痛苦，宁愿藏身在自铸的痛苦"牢笼"中，不愿亲手毁掉它，尽管那只是举手之劳而已，结果内心被痛苦充斥，活得既痛苦又乏味。

但痛苦并非是必然结果，痛苦是心灵的自我囚禁，每个人都应该自觉地呵护自己的心灵，别让它承受痛苦的煎熬。所以，当你感到被痛苦羁绊的时候，不妨学着让自己静下心来，以一颗豁达乐观的心凌驾于痛苦之上，果断地"枪毙"自己的痛苦。

的确，生活中有很多无奈，我们也会罹患很多不幸和痛苦，我们不能控制际遇，却可以掌握自己的生活；我们无法调整生命的长度，却可以增加生命的厚度；我们左右不了天气，却可以控制自己的心情。

快乐之神化作常人来到凡间，他看到一个人身穿破破烂烂的衣服，在寒风冷雪中给别人做苦工，还要忍受雇佣者无情的责骂。快乐之神很同情这个人，便帮助他完成了工作，并将一袋粮食送给了他。

为了表达感谢，这个人便邀请快乐之神到自己家做客。幸福之神看到虽然他们穷得只剩下光秃秃的四面墙，但他们全家人并没为此愁眉不展，痛哭流涕，相反孩子们在笑声中玩耍，大人们在笑声中劳动，家里到处都洋溢着欢笑声。

快乐之神大惑不解，就问穷人："你们的生活并不如意，有什么可高兴的？"

这个人放下手中的活，看着快乐之神，慢悠悠地说："的确，我们生活的方方面面都不如意，但是能怎么样呢？每天怨天尤人，让自己生活在痛苦不堪中吗？不！那样你就永远也体验不了生活的意义！但是学会享受生活的乐趣，少一点痛苦，多一点快乐，我们并不比别人不幸。"

生活原本就变幻莫测，在这种变化中，痛苦在所难免。但是，生活还得继续，我们没有必要带着痛苦生活下去，任何人都不能替你走出痛苦的困扰，你只能自己主动地、果断地"枪毙"你的痛苦！

事情既然是这个样子的，就不会那样。在痛苦的泥潭里不能自拔，只能与快乐无缘，你得自己挥动告别痛苦的手。

记住了，当你觉得自己的生活痛苦不堪，似乎全世界的重担都压在你的肩膀上时，静下心来"挥动告别痛苦的手"，果断"枪毙"你的痛苦，如此，你就能获得积极乐观的心态，快乐地迎接人生的挑战。

事实上，痛苦时静下心来时，你会发现这些痛苦其实没有多么可怕，它们大多只存在于自我的幻想中。生活中99%的烦恼都是不会发生的，我们之所以感到痛苦，是因为自己幻想了太多痛苦的事情。

布莱克伍德曾经是一位二战战士。他的生活在之前几乎是一帆风顺的，但

是，1943年夏天，因为战争的到来，世界上绝大多数的坏事几乎在一时间都降临到布莱克伍德的身上，令他苦不堪言。

他所办的商业学校因大多数男生都应征入伍而出现了严重的财政危机；他的大儿子也在军中服役，生死未卜，和天下所有的父母一样，他无时无刻不在为他而担心，责骂战争；他的女儿马上就要高中毕业了，上大学需要一大笔学费，可他却囊中羞涩；他的家乡一带要修建机场，土地房产基本上属无偿征收，赔偿费只有市价的1/10……

因为这些事情，布莱克伍德整日都觉得心里像压着一块石头，没日没夜地苦想对策。一天，他坐在办公室里把这些事情一条条地写下来，又开始了冥思苦想，却束手无策，最后只好把这张纸条放进抽屉。　后来，布莱克伍德说："我痛苦了那么长时间，结果政府开始拨款训练退役军人，我的学校不久就招满了学生；我担心自己的儿子在战争中受伤，可最后他毫发无损地回来了；我担心女儿的教育经费凑不齐，可她因成绩优秀被中学保送上大学；我担心土地被征收去建机场，可后来因为住房附近发现了油田，我的房子没有被征收！"

根据自己的经历，布莱克伍德得出了一个结论："其实，99%的预期的烦恼是不会发生的，为了根本不会发生的情况而痛苦不堪，饱受煎熬，真是人生的一大悲哀！"后来，他据此写成了《99%的烦恼其实不会发生》这本书。

看到了吧，生活中99%的预期烦恼都是不会发生的，我们其实没有必要那么痛苦。静下心来看淡一点，你会发现痛苦不值一提，而快乐就在你身边。由此，你的内心将不被痛苦充斥，而是你将抱着一颗超脱自由的心奔向成功！明白了这些道理后，下次当你感觉痛苦的时候，不妨告诉自己："我怎么知道我所担心的事情就真的会发生，现在我不要想那些令自己痛苦的事情，而且痛苦没有多么可怕，我要快乐一点……"

08. 用微笑将痛苦埋葬，才能看到希望的阳光

人生不如意之事十有八九，每个人都有痛苦的时候，此时你们都在想什么呢？整天愁着个脸，甚至天天悲痛万分，以泪洗面？可你这样有什么用呢？不仅浪费自己的时间和精力，而且于事无补。

你一定会问，那又能怎样呢？其实，只要我们保持微笑，就能把痛苦埋葬，就能看到希望的阳光。这是一笑而过的气魄和勇气，是一种难得的镇静与豁达，可以让我们心平气和、从容淡定地去面对一切的不如意。

看过一篇散文，它讲了一个《用微笑把痛苦埋葬》的故事。

二战期间，在庆祝盟军于北非获胜的那一天，一位家住美国俄勒冈州波特南名叫伊丽莎白·唐莉的女士，收到了国防部的一份电报：她的儿子在战场上牺牲了。这是她唯一的儿子，也是她唯一的亲人，那是她的命啊！

伊丽莎白·唐莉无法接受这个突如其来的严酷事实，她的精神到了崩溃的边缘。她心灰意冷，痛不欲生，觉得人生再也没有什么意义，于是她决定放弃工作，远离家乡，然后找一个无人的地方默默地了此余生。

在清理行装的时候，伊丽莎白·唐莉忽然发现了一封几年前的信，那是她儿子在到达前线后写给她的。信上写道："请妈妈放心，我永远不会忘记您对我的教导，无论在哪里，也无论遇到什么样的灾难，我都会勇敢地面对生活，

像真正的男子汉那样，能够用微笑承受一切不幸和痛苦。我永远以您为榜样，永远记着您的微笑。"

顿时，伊丽莎白·唐莉热泪盈眶，她把这封信读了一遍又一遍，似乎看到儿子就在自己的身边，用那双炽热的眼睛望着自己，关切地问："亲爱的妈妈，您为什么不按照您教导我的那样去做呢？"

"告别痛苦的手只能由自己来挥动，我应该像儿子所说的那样，用微笑埋葬痛苦，继续顽强地生活下去。我没有起死回生的神力改变现实，但我有能力继续生活下去。"伊丽莎白·唐莉一再对自己这样说，并打消了背井离乡的念头。

后来，伊丽莎白·唐莉就打起精神，开始写作，最终成为一位知名的作家，其中《用微笑把痛苦埋葬》一书颇有影响。书中有这样几句话："人，不能陷在痛苦的泥潭里无法自拔。遇到不可能改变的现实，不管让人多么痛苦不堪，我们都要勇敢地面对，用微笑把痛苦埋葬，才能看到希望的阳光。有时候，生比死需要更大的勇气与魄力。"

"用微笑将痛苦埋葬，才能看到希望的阳光。"伊丽莎白说得多好啊。这微笑得需要多大的勇气和魄力才能将残酷的现实掩埋啊！伊丽莎白做到了，她的坚强与勇敢，她的淡定与从容，她的豁达和乐观，深深地打动了每一个人。

英国著名女作家奥斯汀曾说过："微笑是生命的常态。"生命的意义与目的也在于追求快乐和避免痛苦。微笑是一种心态，心态得益于修养；微笑是一种境界，境界依靠的是磨炼。

寒梅无法选择季节，但却傲视冰霜；秋菊无法选择时令，却代秋天发言；人无法选择没有痛苦的命运，那就学会微笑吧！用微笑将残酷的世界埋葬，把一切一切的痛苦都埋葬起来，心中便不会再有恐惧，其性也平，其情也安。

也就是说，如果你对生活微笑，那么快乐也便成为你生活永恒的格调，你的生命便会充满幸福，你也便会感到生活的无限美好。给生命一个微笑，我们便拥有了人生中无可比拟的美丽和洒脱。

在美国一座山丘上有一间特殊的房子，这座房子完全是用自然物质搭建而成的，里面不含任何的有毒物质，里面的空气都是人工灌注的氧气。贝蒂生活在其中，只能靠传真与外界进行联络。那么，为何贝蒂会这样生活呢？

20年前的一天，贝蒂拿起家中的杀虫剂准备灭蚜虫的时候，不曾料到杀虫剂内的化学物质破坏了她全身的免疫系统。从此，她就对一切有气味的东西过敏，比如香水、洗发水等，连空气也可能会导致她患上支气管炎。

贝蒂原以为那只是暂时的症状，但是这是一种慢性病，目前国际上是无药可医的。在患病的前几年中，贝蒂睡觉时常流口水，尿液也渐渐地变成了绿色，身上的汗水与其他排泄物还会不断地刺激她的背部，最终形成疤痕。

为了让心爱的妻子继续生存下去，贝蒂的丈夫以钢和与玻璃为材料，为她盖了一个无毒的空间，一个足以逃避所有外界有味物质威胁的"世外桃源"。贝蒂日常所有吃的、喝的都要经过仔细地选择与处理，不能含有任何的化学成分。

八年来，贝蒂再没有见过一棵花草，再没听到过悠扬的声音，更感觉不到阳光、流水，她只能躲在无任何饰物的小屋里，饱受孤独之苦。她还不能放声地大哭，因为她的眼泪也和她的汗水一样，随时都有可能成为威胁到她的毒素。

"不能痛哭，那就选择微笑吧！"事已至此，自暴自弃和痛苦只能毁灭自己，坚强的贝蒂这样对自己说。因此，在这个寂静的无毒世界里，贝蒂不仅要与外界的一切有气味的物质相抗争，还要与自己的精神抗争。

十年后，贝蒂在孤独中创立了主要致力于化学物质过敏症病变研究的"环境接触研究网"；随后，她又与另一个组织合作，创立了"化学伤害资讯网"，主要是倡导人们避免化学物品的威胁，并得到美国国会、欧盟及联合国的大力支持。

不能流泪就选择微笑，这看似是贝蒂无奈的表白，实则是她在历经磨难后的豁达和乐观。贝蒂用其自身的经历让我们再次领悟了人生的真谛：一个人遭受不幸在所难免，回避就是逃避，只有接受不幸才能走出不幸，而用微笑来迎接苦难的挑战，埋葬痛苦的折磨，自然就会迎来人生的另一番天地。

痛苦是我们人生路途中不能逃脱的部分，就像天总会下雨一样。然而，比起伊丽莎白·唐莉和贝蒂来，我们所遇到的难道不算是小痛吗？看到她们都能用充满阳光的微笑去面对，我们还能说什么呢？

生活中不如意的事情很多，有些事情是我们无法掌控的。如果我们一直背负着这些枷锁，只能让自己生活在痛苦之中。只有学着微笑面对，保持豁达、乐观的心态，我们才能远离痛苦，还自己一份快乐。

所以，当你觉得痛苦时，你不妨对自己说："告别痛苦的手只能由自己来挥动。我应该用微笑埋葬痛苦，继续顽强地生活下去。我没有起死回生的能力来改变它，但我却有能力继续生活下去。"

09. 笑对压力，让微笑在压力背后绽放

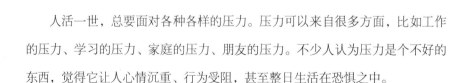

人活一世，总要面对各种各样的压力。压力可以来自很多方面，比如工作的压力、学习的压力、家庭的压力、朋友的压力。不少人认为压力是个不好的东西，觉得它让人心情沉重、行为受阻，甚至整日生活在恐惧之中。

然而，无数事实证明，在压力面前，难以迈开步子的人，以及把压力当作一道难以跨越的坎的人，大多缺乏激情和顽强的毅力。那些有着坚强意志力的成功人士大多认为，压力从来不是一道难以跨越的坎。聪明的他们会笑着面对压力，让压力变成动力，推动他们不断向前，不断开创新的更好的生活。

戴维·马奥尼是美国的一个亿万富翁，曾在著名的跨国零售企业诺顿·西蒙公司担任董事长兼总经理。他是一个极为注重工作效率的人。在不少人的眼里，他是一个不折不扣的"工作狂"，每天都让自己生活在高压下。

对此，戴维·马奥尼说："我确实要承受很大压力，不仅是因为我的职位，还因为我对自己的要求一向很严格。但是，我并不觉得压力让我的日子变沉重了，相反，它让我觉得很轻松。我一直都认为，任何一个人都需要在压力下竭尽全力地度过自己的每一天，让自己的生活和工作变得充实而有意义。"

戴维·马奥尼对自己所做的每一件事都充满热情。他认为，压力能够使人轻松，压力能够创造价值。而正是这种积极的心态，让他不断地取得了成功。

像戴维这样的强者总是喜欢挑战高难度，他们会让压力变成推动器，让压力唤起和激发他们最大的潜能。压力让他们变得越来越成熟，让他们感悟良多，让他们学会用最有效、最理智的方式与困难作斗争。

琳达是一家大公司的经理，每天清晨她睁开眼睛后，想到的第一件事就是当天的工作安排。她会比任何人都早到公司，然后一刻不耽误地处理堆满办公桌上的文件和信函。

正当她忙得焦头烂额时，她桌上的电话铃声会频繁地响起来，有的电话是催她去开会，有的电话是要她接待来访客户。为了把各方面的事情都协调好，琳达每天都要保持精神的高度集中，逼自己高效率地做事。

在公司像个陀螺一样转一天后，琳达最想做的事，就是能在深夜下班回到家后好好睡一觉。通常，琳达感觉刚刚沉睡过去，闹铃就响了。

琳达生活得如此疲惫，但她却表示："我很喜欢压力，因为有压力的人活得质量相对较高，没有压力等于不被人需要。我不会抱怨什么，毕竟路是我自己选的，这些压力也是我自己给自己制造的。压力让我的个人能力不断进步，让我充满自信。"

有压力并不是坏事。某报纸上曾出现过这样两个有趣的英文单词：stressed（压力）和 desserts（甜点）。其实两个单词之间是有着很微妙的关联的。仔细看看，如果把 stressed 这个单词倒过来，不就变成 desserts 了吗？

所以有人说：压力就是甜点，只要你能逆向观看。这样的解释是不是很有趣、很奇妙？的确，只要换个观念、换个角度，压力就会成为我们生命中的"甜点"。

不过，不是每个人都能善用压力。在柳宗元的《蝜蝂传》里，描述了一种叫蝜蝂的小虫子。蝜蝂十分喜欢捡东西，无论遇到什么东西都要捡起来放到背上，最终被积攒的重物活活压死。在当今社会中，有很多人尤其是年轻人虽然不像蝜蝂一样贪婪，但也总是喜欢把一些没用的压力放在身上，日积月累便把自己给压垮了。

不想被压力打垮，就要摒弃没用的压力，同时还要学会与压力抗衡。与压力抗衡也是讲究技巧的。一般来说，躯体压力较少时，精神压力也会随之减少。所以，当你感到压力繁重时，可以通过肌体的运动来让内在的压力得到释放。当然，与压力抗衡最重要的就是要有一个积极的心态。

自我减压并不轻松，对于有些人，尤其是认为压力束缚自由的人来说，就算运动再多、心态再积极，还是会被生活中的压力弄得心情低落，甚至一蹶不振。其实，很多时候，压力和惰性是联系在一起的。很多人感到有压力，是因为身体里的惰性在作祟。想一想：到底是压力束缚自己，还是自己的懒惰将自己束缚住了？

俗话说得好："路被碾路机来回滚压才能平坦，油井经上下挤压方可出油。"生活总是充斥着压力的，如果不想让压力将自己拖垮，就记住这样一句话："只要精神不滑坡，办法总比困难多。"当你穿过层层压力回头看自己走过的路时，也许会由衷地发出欢呼：感谢压力！

第二辑

给苦难多一点感恩：

少了曾经的伤痛，就没有现在的坚强

生命是建立在苦难之上的。

当苦难降临时，有的人跟着一飞冲天，有的人却因此一蹶不振。

每个人都会经历苦难，苦难是人生的一次考验。在苦难面前摇头，就无法在幸福面前低头微笑。当你觉得快要被苦难打倒时，就忍住痛苦再试一次，也许下一次你就握住了幸福的手。要知道，苦难的尽头是甘甜。

01. 不要害怕苦难，苦难造就辉煌

当遭遇苦难，很多人的第一反应是恐惧和退缩。在他们心中，苦难就意味着痛苦和万劫不复。诚然，苦难是凶猛、粗暴而狰狞的，但不能因为这样，就抹杀了苦难带来的积极意义。

从古到今，无数名言俗语都曾歌颂过苦难，比如"名人自古多磨难"、"不经一番寒彻骨，哪得梅花扑鼻香"、"故天将降大任于斯人也，必先苦其心志，劳其筋骨，饿其体肤，空乏其身，行拂乱其所为，所以动心忍性，曾益其所不能"。

以上言论无不说明，苦难是上天对人才的一种考验，任何人想要成才，都会被上天阻挠。但是所有阻挠都是用来激励他的心志、坚忍他的性情以及增加他所欠缺的能力的。只有冲破阻挠，才算是真正的英杰。英杰们只有在历经苦难后，才能开创出辉煌的人生。

清代作家曹雪芹出身官宦世家，少年时过着衣食无忧的富足生活，后来却家道中落，常年连温饱都无法解决，但他并不为恶劣环境所影响，还在自家破旧的墙壁上写下"富非所望不忧贫"的座右铭，最终写出了《红楼梦》这一旷世奇作。

美国盲聋女作家、教育家海伦·凯勒幼时患病，两耳失聪、双目失明，但她没有放弃对美好生活的追求。她在老师莎莉文的帮助下，掌握了英、法、德

等五国语言，并完成《假如给我三天光明》等一系列著作，还致力于建立慈善机构，被美国《时代周刊》评为美国十大英雄偶像。

古今中外无数事实证明，世界上绝大多数的顶级成功人士都曾遭受过这样或那样的苦难，但他们没有退缩。他们用钢铁般的意志同命运抗争，最终在苦难中获得了巨大成就，为人类创造了无价财富，也为自己的生命创造了辉煌。

当苦难降临时，就好比一道坎卡在了命运的关口，如果过度害怕这道坎，就只能碌碌无为地过日子，最终沦落为悲剧主角。如果勇于面对这道坎，不对其妥协，那么生命就可以升华，最终变得璀璨。

世界著名画家梵高一生历经万般苦难。年轻时，他在绘画上的天赋并没有得到世人的认可，他努力且用心地画画，但这并没有给他窘迫的生活带来什么改变。他买颜料、画布的钱都需要兄弟来接济。另外，他在爱情中屡次受挫，这使他心灰意冷。生活中的种种，让他十分痛苦。

在这个世界上，恐怕没有人能真正体会到他的苦痛。为了释放内心的痛苦，他亲手用剃须刀片割下了自己的一只耳朵。最后，在医院里，他对着自己的胃部开了一枪。虽然这一枪并不致命，但却让他饱受痛苦。在剧痛中挣扎了两天后，他悄然离开了人世。

有人说，他早已精神崩溃，早就厌烦了这个苦难的人生。可是，哪怕是精神不再正常，他也没有害怕苦难；宁愿忍受贫穷，也从没有放弃过画画；哪怕最后选择自杀，也是为了不再拖累兄弟。

在遗言中，梵高写下"痛苦就是人生"这样的话。他的人生就是一部苦难史，然而，正是苦难给了他旷世的创作灵感，让他在短短 37 年的生命中，奉献出了震动世界的名画。许多美术界大师都曾高度褒奖梵高，并对他的作品多加临摹。

他的作品大多都是以天价卖出的。其中，《加歇医生的肖像》以8250万美元的价格拍卖给一位日本收藏家。梵高的一幅没有胡子的自画像以7150万美元卖出。

很可惜，这位伟大的画家是在逝世若干年后才得到大家的认可的。不过尽管晚了，但世人的认可还是让他那短暂的人生从黯淡变得辉煌起来。

美国作家斯蒂芬斯说："每场悲剧都会在平凡的人中造就出英雄来。"司马迁是英雄，曹雪芹是英雄，贝多芬是英雄，梵高是英雄。这些英雄曾经也是无名小卒，但是苦难成就了他们，让他们在千百年之后仍然被人们所铭记，让他们的光辉随着时光的流逝愈加耀眼。

作为还是平凡人的我们，终究也会经历苦难，谁也逃脱不了。或许我们再怎么做，也注定不会成为伟人，不会被后人深深铭记。但不管怎样，我们总是要和苦难争斗一番的，绝不能害怕苦难，唯有勇敢面对，才能开创出一个崭新的人生，才能让自己尽可能地远离伤害。

要记住：蚌虽然饱受与沙砾摩擦的痛楚，但它收获了圆润的珍珠；玉石虽然饱受利器雕琢的痛苦，但它成就了旷古绝伦的艺术。如果说苦难是一道坎，那我们就把人生当作是一次次跨栏，谁跨得最潇洒、最勇敢，谁的人生就最辉煌。

02. 苦难是人生最好的大学

每个人的人生都要历经悲欢离合的考验，而苦难就是这众多考验当中最为历练人的一种。"不经历风雨，怎能见彩虹？"只有经过一个个磨难、走过一段段坎坷、越过一片片荆棘，才能最终获得新生。

以前有一位年轻人，很小的时候父亲就去世了，他只得和母亲相依为命。等他长到 20 岁的时候，便开始参加环法自行车比赛，可是成绩并不理想。

24 岁的时候，这位年轻人又不幸被诊断出患有癌症，甚至严重到危及他的生命，医生说就算用尽所有的方法去治疗，也只有 20% 的治愈机会。然而，他却没有被这个危及生命的不幸给吓倒，他勇敢地面对病魔，最终获得了那只有 20% 的治愈机会。

17 个月以后，他出乎所有人意料重返了赛场。从此以后，他在赛场上的成绩便开始遥遥领先。从 1999 年至 2004 年期间，他连续多次获得环法自行车比赛的冠军。

这个年轻人，就是大名鼎鼎的兰斯·阿姆斯特朗。

高尔基说过："苦难是人生最好的大学。"可并不是所有进过这所大学的人都能够毕业。如果兰斯·阿姆斯特朗在癌症期间以消极悲观的态度来对待生活，每天沉浸在抱怨之中，那么最终等待他的只有在平庸的生活里被病魔吞噬掉的人生。

可是兰斯·阿姆斯特朗在苦难的生活里并没有选择消极，他勇敢地面对病魔，并最终战胜了它，也因此改变了自己平庸的生活，收获了新的人生。所以，最终能从苦难这所大学里挺着胸走出去的人，必将会成为生命的强者。

一帆风顺的人生是每个人都期待的，但是如果人生没有经历过苦难的磨炼，那么这样的人生是不完美的。

有一位农夫，他历尽千辛万苦找到神，对他说："万能的神啊，虽然你创造出了整个世界，但你毕竟不是一位农夫，你还没办法了解全部，就让我来告诉你一些东西，好让你把这个世界变得更加美好。"

神听完，笑了笑说："那好吧，你就告诉我吧！"

农夫急切地说："只要你给我一年的时间，在这一年里面，你按照我说的去做，那么这个世界就不会有饥饿和贫穷了。"

神答应了农夫的请求。于是，在接下来的一年里，他满足了农夫的每一个要求。没有狂风暴雨，没有任何危害农作物的自然灾害发生。不管农夫想什么时候出太阳或者下大雨，神都会满足他。

在这种情况下，田地的小麦都生长得非常好。

可是，等到人们去收割的时候，却发现麦穗里面什么都没有。那些长势非常好的麦子，竟然什么都没有结出来。

农夫感到十分茫然，不明白到底哪里出错了。于是就赶忙跑到神面前："神啊，为什么会变成这样啊？"

"这都是因为小麦过得太好了，不经受大自然的打击是根本不行的。"

"在这一年里面，它们没有经受一丁点儿日晒雨淋。你帮它们避免了所有会伤害到它们的东西。当然，在这种情况下，它们生长得非常好，但是结果你也看见了，那就是麦穗里面什么都不会结出来。要知道，正是那些风雨雷电，才锻炼了小麦的生长，才让它们结出丰厚的果实。"

人生也同样如此，不经历风雨的人，犹如看似饱满的麦穗，仅有好看的外表，而没有实在的内容。所以，人生的每一场风雨都有它出现的原因，也有它存在的必要性。只有直面挫折和打击，最后才能收获属于自己的饱满果实。

即使苦难有时很残酷，它会把你一生的追求和信念一瞬间撕得粉碎，也可能对你穷追不舍，一点点地吞食着你生命中的信心。但是，无论你经历过多少苦难、走过多少坎坷，你都不会一无所有，你总会还拥有一些东西，它们便是你生命里最为宝贵的财产，那就是希望与信仰。

小夏从小就是一个招人疼的聪明孩子。上学以后也因成绩优秀而深受老师们的喜爱。然而一次意外事故，却让小夏成了一个聋哑孩子，她只得转学到聋哑学校。

这突如其来的变故让小夏难以接受，但是很快她就让自己冷静了下来，并认清和接受了现实，明白自己未来几年都要在这所聋哑学校里度过。于是，她不再和爸爸妈妈闹脾气，而是开始认真主动地学习起来。

由于是中途转学而来，所以小夏面临着各种各样的困难。在老师的鼓励和帮助下，小夏开始积极地进行康复训练。慢慢地，小夏可以说出不少话了，甚至可以和人们进行正常的交流。这一切在所有人的眼里都是一个奇迹。

其实，奇迹总是由敢于直面苦难的人所创造的。小夏从刚出生到没有经历事故之前都是幸运的人，她拥有聪明的头脑，学习成绩好，又被大家所喜爱。但是真正属于小夏人生之中最为宝贵的财富却是她在遇到事故以后，直面苦难的态度。

苦难摧毁我们的意志，浇灭我们的信心，但同时也教会了我们坚强与忍耐。我们也会因为战胜了苦难而收获新的人生。

天才是百分之一的灵感加百分之九十九的汗水，伟人之所以能成为伟人，就是因为他们能够经历比普通人更多的失败，并能走出失败。所以，在逆境中保持一颗坚强的心，永不言弃、无所畏惧地前行便是收获饱满人生的捷径。

03. 把苦难打败,它会变成财富

苦难是什么呢?

懦弱者说："苦难是无边无际的黑暗，是一条永远无法蹚过的河。"

沮丧者说："苦难是可怕的魔鬼，是上天不公平的折磨。"

智者说："苦难是输送幸福的使者，是一笔宝贵的财富。"

想必谁都不愿意做一个懦弱或是沮丧的人。实际上，苦难虽然带给人痛苦，却并不是一条蹚不过的河。正如智者所说，它是一笔宝贵的财富，能够激励人们在痛定思痛后迅速崛起。不过，不是所有人的苦难都会变成财富。苦难转变为财富有一个前提条件，那就是，你必须用自己的双手战胜它，并且要在你感到无望之前用自己坚强的意志将其击碎。

约翰·艾顿是英国著名的汽车商。在一次名流聚会中，他向他的朋友，也就是后来的英国首相丘吉尔讲述起了自己的过去。

他是一个穷人家的孩子，父母早逝，是姐姐用帮人洗衣服、做家务挣来的钱将他抚养长大。然而，在姐姐出嫁后，他的姐夫却将他撵到了舅舅家。舅妈更是自私，每天只给他吃一顿饭，还命令他收拾马厩和剪草坪。后来，他去做学徒，租不起房子，就住在郊外一处废旧的仓库里，一住就是一年。

丘吉尔对此感到很惊讶，他没想到这样一个在商界中举足轻重的成功人士，竟然经历过那么多苦难。便问他之前在遭受苦难的时候为什么不说出来，寻求帮助呢。

艾顿淡然一笑，回答他："正在受苦或正在摆脱苦难的人是没有权利诉苦的。我如今很富有，可以说是苦难给我带来了财富。但我的苦难变成财富是有条件的，这个条件就是，我战胜了苦难并且远离了它。"

在众人或认同或不解的目光中，他又说："只有战胜了苦难，苦难才称得上是一笔宝贵的人生财富。如果你在战胜苦难之前，停步不前，一直向别人诉苦，那别人就会当你是在乞求可怜；如果你在战胜苦难之后，再讲述你的经历，那么别人才会觉得你是有毅力、值得敬重的人。"

艾顿的一番话让丘吉尔感悟颇多，他重新修订了自己"热爱苦难"的信条，并在多年后他的自传中写道：苦难是财富还是屈辱？当你战胜了苦难，它就是你的财富；当苦难战胜了你，它就是你的屈辱。

生活很现实，只有你战胜了苦难，它才算得上是财富。每一个正享受生活甘甜的人，其幸福都是从苦难嘴里抢过来的。你给苦难的每一次打击，都是你赚到的财富。然而，不是所有人都能用坚强的意志和勤奋的劳作帮自己摆脱命运的折磨。一个人如果什么都不做，就举起双手向命运投降，那么苦难带给他的就只能是屈辱和不堪。

巴尔扎克说过："苦难对于懦夫是万丈深渊。"在这个世界上，没有人想做懦夫，但很遗憾，因为实力不济、意志力不坚定，从古至今懦夫总是层出不穷。懦弱使他们一次次掉进万丈深渊，轻则受伤，重则万劫不复。

正在苦难中煎熬的你，要做勇往直前的勇者，还是退缩不前的懦夫？其实，在相同的苦难面前，任何一个人都有两条路可以走，一是咬紧牙关将其打败，一是被其吞噬，过着压抑的生活。

那些将苦难打败，走向平坦大道的人会告诉你，苦难并没有那么难以打败。你只要在苦难中审时度势，准确把握机遇，做到该出手时就出手，就有可能从苦难中走出来。苦难的尽头是成功、是希望、是财富。

小陈一直生活得很顺利，可是在大学毕业那天，幸运之神就不再眷顾他了，因为在那一天，他的女朋友跟他提出了分手。专科毕业的小陈在抑郁中找了几份工作，却始终干不长久，不是老板对他不满意，就是他看不上老板，他的生活总是安定不下来。祸不单行，在一次过马路时，小陈被一辆逆行的机动车撞了，双腿严重骨折，胳膊也受了轻伤。

因为没有上保险，撞人司机又潜逃，小陈不得不自掏腰包看病。更糟糕的是，因为长时间不能上班，他被老板给辞退了。在各方面的压力下，小陈的情绪很是低靡，但他并没有自暴自弃，人力资源专业出身的他利用自己腿伤这段时间，阅读了大量和专业有关的书籍，并在几个月后，瘸着脚参加了 HR 专业资格的考试。

功夫不负有心人，小陈最终以高分通过考试，顺利拿到了证书。又过了一个月，他的伤彻底好了，他揣着证书去了几家知名企业应聘，竟然真的被一家很注重员工个人素质的大公司录用。同学们都羡慕他捧到了金饭碗，但他心里明白，是不屈不挠的意志帮助他将苦难变成了财富。

小陈是现代年轻人的一个榜样，上天突然将一个个苦难扔给他，他却没有被打倒，而是努力做自己认为对自己有帮助的事情。最终，他将苦难变为了自己的财富和资本，和原来站在同一起跑线上的同学拉开了距离。

苦难是上天给人们的考验，它像一位严格的老师，用不讨喜的方法催促着人们快速成长。在这位老师的"压迫"下，有些人会沮丧、会咒骂、会愤愤不平，但也有人心怀感恩，感恩于残酷手段对自己的磨砺，以及万千坎坷给予自己的成长。

如果你正对突如其来的苦难一筹莫展，不如静下心好好想想，怎么才能让这苦难变得有价值。正如美国女诗人洛威尔·J.R.所说："苦难像刀子，握住刀柄可以让它为我们服务，拿住刀刃则会割破我们的手。"

一位哲人也曾说过："成功的人不是从来未曾被困难击倒的人，而是在被击倒后，能够站起来并积极地向成功之路迈进的人。"的确，我们无法阻止苦难的突然降临，但是我们可以在苦难面前挺起自己的腰杆，用灵活的头脑和行动使自己从中积蓄力量。

04. 不轻言放弃，苦难的尽头是快乐

在战场上，流行这样一句话："不战而降是懦夫。"没有人瞧得起不敢与敌人迎战的人，因为那是懦弱者的表现。凡是有血性、有志气的人总是要全力抗争的，哪怕付出血的代价。其实，不仅是在战场，在日常生活中，懦弱、缺乏勇气、不敢与苦难作斗争的人也是会被瞧不起的。

当然，总是有人为自己的退缩和放弃找这样或那样的借口，什么"对方实力太强大"，什么"自己已经尽力了"，总之就是不肯为了征服苦难而付出自己最大的努力。其实，只要有恒心和毅力，就没有什么苦难是打不倒的。那些不肯尽全力战胜苦难的人都没有明白这样一个道理：苦难的尽头是快乐，正如阴影的尽头是阳光。

阴影和阳光是对立的，但阴影的存在却是由阳光造就的。苦难和快乐是对立的，但正是苦难才让人更深刻地体会到快乐的滋味。可以说，阴影和阳光，苦难和快乐是相对相生的。

身处阴影中，只要一直往前走，就一定会走到阳光中。同样，身处苦难中，只要一直往前走，就能走到快乐。很多时候，当我们认为自己已经走到绝境时，只要不放弃希望，只要肯尝试走出去，就很可能进入一片艳阳天。就如"山重水复疑无路，柳暗花明又一村"这句俗语所说的一样。

1959 年，美国人戴维酷爱探险。一次，他与妻子罗娜和孩子开车去沙漠远足，他们没有走安全的大路，而是铤而走险地插到一条小路上。

很不幸，他们的汽车刚走出 600 米就找不到路了。由于事先没有通知别人他们的去向，他们的通信设备又出现了故障，于是他们陷入了没有支援的绝境中。可喜的是，虽然戴维一家身处这样的绝境，但他们并没有悲观地等死，而是积极地寻找求生的办法。

而现实偏偏跟他们作对，他们唯一解渴的东西就是车中冰箱里的冷冻水。但由于车在拐弯时撞到一块有尖角的石头，致使他们的冰箱被碰坏，他们没有水喝了。

尽管如此，戴维和妻子还是没有放弃求生的希望。天气过于炎热，几乎要把人的皮肤烤裂，戴维就让孩子躲在汽车的阴影下，但那里并没有多么凉快。后来，戴维发现沙漠里层比较阴凉，便将孩子的身体埋进沙子里，用其他东西把孩子的脸捂上。最后，孩子脸上的皮还是晒破了，身边没有水，戴维夫妇便收集小便，用浸了小便的破布擦拭孩子的脸，以此降温。

接着，戴维和妻子将两条毯子裁成条状，拼凑成求救信号。但是，他们明白很难有人看到这样的求救布料，于是他们又卸下倒车镜，借用阳光的反射向空中的飞机发出求救信号。可是，这一切仍然没有用。在极度饥渴、生命垂危的情况下，他们又做了破釜沉舟的一举——把轮胎卸下来。他们将胎罩放在地上收集清晨的露水，并点燃备用轮胎作为求救信号，希望空中的飞机能够看到它们。

在不吃不喝、异常炎热的绝境中过了三天后，终于有抢救队发现了他们的求救信号，最终把他们救了出来。戴维和妻虽然历经了生命的险恶，但没有轻言放弃生命，最终安全全地活了下来。

不要小瞧自己的生命力。其实，每个人的生存意志都是很强烈的，只要你不放弃，就能在遇到绝境的时候，将其激发出来。不过，要注意的是，想要在绝境中化险为夷，就不能太过紧张，要冷静分析眼前的不利形势，以寻求最有效的解决危机的办法。

在生活中，不是那么轻易就走进绝境的。很多时候，我们以为自己走进了绝境，其实只是遇到了小小的麻烦。想要顺利地解决麻烦，让自己变轻松，就要善于运用自己的智慧。当然更重要的是，要有不轻言放弃的决心，要把自己的智慧变为有效的行动。

某文摘创刊之初，发行量十分不好，前景堪忧。文摘的出版商绞尽脑汁，终于想到向总统夫人邀稿的办法。如果总统夫人愿意，那么文摘的发行量一定会翻倍。但总统夫人哪是那么容易请到的，尽管出版商多次发出邀稿信，对方总是以太忙或诸事缠身等理由婉言拒绝。

不过，出版商并没有轻言放弃，有关负责人一直在等待机会。终于，当总统夫人偶然来到文摘出版公司所在地时，她又接到出版商寄来的一封邀稿信。这一次，总统夫人不好意思再拒绝了，就给文摘写了一篇文章。

这篇文章让文摘一跃成为业内抢手文摘，而出版商也因为这种坚持不懈的态度和精神，很快就跻身于成功人士之列。

在苦难这道栏杆面前，每个人都有相同的机会迈过它，如果你有不轻言放弃的决心，有与困难作斗争的勇气，那么，你最终将会走出苦难，并迈向快乐的领地中。

也许被种种苦难压迫着的你，现在唯一的念头就是放弃。可是要知道，就算放弃，苦难带来的痛苦也不会终结。与其在放弃后，饱受失败或灭亡带来的痛苦，何不坚持到底，奋力一搏，享受成功带来的喜悦？

05. 再试一次，或许就能将苦难终结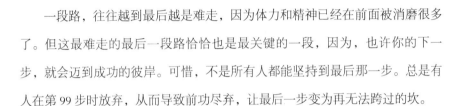

一段路，往往越到最后越是难走，因为体力和精神已经在前面被消磨很多了。但这最难走的最后一段路恰恰也是最关键的一段，因为，也许你的下一步，就会迈到成功的彼岸。可惜，不是所有人都能坚持到最后那一步。总是有人在第99步时放弃，从而导致前功尽弃，让最后一步变为再无法跨过的坎。

止步于最后一步，是十分遗憾的，这就相当于吃一块中间夹着奶油的苦面包，你把所有苦头都吃尽了，等到终于有甜头可以吃时，却不敢再继续咬下去。

名牌大学毕业的小黄，在刚开始找工作时非常自信，认为自己轻轻松松就能被大企业录用。但事实却和他的预想有很大出入，他在几家大公司面试后，都止步于复试。他很沮丧，甚至不想再去面试。

小黄的好朋友阿勇鼓励他："干吗不继续找，也许再试一次，就被录用了。"小黄却说："再怎么找下去也都是一样的结果，还不如随便找一家小公司将就一下。"果真，小黄放弃了去大公司上班的机会，他走进了一个前景并不被看好的小企业。

而令小黄没有想到的是，在他和那家小企业签完合同的第二天，一家大企业就给他发来一封聘用信。左手拿着那封聘用信，右手拿着与公司签订的五年的合同，小黄心如刀绞，痛恨自己输在了最后一步上。

莎士比亚说："千万人的失败，都是失败在做事不彻底，往往做到离成功尚差一步就终止不做了。"小黄就是这样，他放弃了再试一次，最终和理想的公司失之交臂，他悔不当初，但已经不能挽回。如果你的情况和小黄相似，认为自己有实力，但始终生活得不如意，就应该坚持曾国藩"屡败屡战"的信念，因为如果再试一次，或许就会告别所有的不如意。

走同一段路，成功者与失败者最大的区别，或许就是前者坚持不懈地把路走完了，而后者却在最后几步泄气了，自以为就算付出再大努力也走不出去。后者不如前者精明，他败就败在不懂得越往后走越艰难的道理。

《战国策·秦策五》中有诗曰："行百里者半九十。"就是告诫世人末路很艰难，一百里路，走了九十里，只能算一半，人们要用充沛的精力，一鼓作气将剩下的路走完。

天成因为一次意外，被学校开除。为了生计，他一个人跑到得克萨斯油田找了一份工作。工作一段时间后，他渐渐对野外钻探业产生了浓厚的兴趣，并立志要当一名独立的石油勘探商。

在赚够几千美元后，天成就真的去租赁设备，钻井取油，但很遗憾，他第一次钻井就挑到了一口枯井。但执着的天成并没有因此而放弃心中的理想。在接下来的两年中，他一旦攒够了钱，就去钻井。在这两年中，他打出了29口油井，可惜很遗憾，这些井又全部都是枯井。

尽管如此的不顺利，天成还是坚守着自己的理想，他在自己的理想之路上艰难地前行着。可是，直到年近40，他还是一无所获。

在痛定思痛后，天成专门去攻读了地质结构、油层模型以及其他方面的地质学知识，以此来提高钻井的成功率。在理论知识的帮助下，他又租来一块地皮进行再一次的钻探。这一次，他的脚下不再是枯井，而是巨大的油藏。

客观地说，天成在生意场上遭受的失败不比任何人少，但他一直坚信，也许下一次，挖到的就不再是枯井。正是这种"再试一次"的信念，让他最终获得了石油，他开采出来的石油也源源不断地为他积累着财富。

在我们通往成功的路上总是荆棘密布，失败不可耻，失败了不敢继续向前才是真正的可耻。审视自己，看看自己因绝望和艰难而停步时，是不是真的无法再向前走一步。对于任何一个人来说，再试一次，就多了一次成功的机会。只有再试一次，才能超越自我，攀登到新的高峰。

不要轻易就说你已经尽力。看看曾经站在同一起跑线上的人，他们是不是已经远远把你落下？如果有人走在你的前方，你就应该相信自己也可以再多走一步，再多试一次。再多试一次，即使早已满心绝望；再多试一次，即使脚下布满荆棘；再多试一次，成功就在你脚下。

06. 在苦难中焚烧，才能百炼成钢

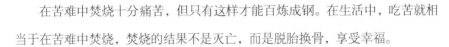

在苦难中焚烧十分痛苦，但只有这样才能百炼成钢。在生活中，吃苦就相当于在苦难中焚烧，焚烧的结果不是灭亡，而是脱胎换骨，享受幸福。

屠格涅夫曾经说过："你想成为幸福的人吗？那么，请先学会吃苦。"在这里，"苦"是苦难和挫折，"吃"就是要去面对苦难和挫折。其实，人来到

这个世上都是要吃苦的。吃苦是一种美德。从小，老师就教育我们要有吃苦精神，只有吃得苦中苦，才能成为人上人。

关于吃苦的故事有很多，头悬梁和锥刺股就是其中的经典，两个故事中的主人公都是古代著名的政治家。头悬梁的是东汉的孙敬，锥刺骨的是战国的苏秦，他们在小时候都是平凡的孩子，但他们肯吃苦。吃苦的精神最终让他们的学识突飞猛进，大大超越了那些生活优越的富家子弟，最终成为饱学之士，闻名于世，受人敬仰。

可以说，成功都是吃苦得来的，吃苦是一件很光荣的事情。然而，不是所有人都吃得了苦。当要吃苦时，有些人会叫苦连天，会逃避，会把吃苦当成一道过不去的坎。这些"过不去的坎"，让他们的生活越来越不幸福。

美国心理卫生专家指出："有十分幸福童年的人常有不幸的成年。"中国有一句谚语："穷人的孩子早当家。"两句话其实有异曲同工之妙，都透露出这样一个道理：吃尽苦头才能得到甜头，吃不了苦只能被优胜劣汰的生活打败。

人类如此，动物界也如此。人类总是理所当然地认为自己比动物聪明，但是动物生存的智慧，却常常值得我们学习，比如长颈鹿。

长颈鹿的胎儿从母亲体内掉落到地面上以后，它的妈妈不会像其他动物那样，立即舔净它身上的羊水或其他东西，而是低头仔细弄清楚它掉落的位置。大约一分钟后，长颈鹿妈妈会做出一件让人意想不到的事情，就是抬起壮实的长腿，踢向自己的孩子，让它在翻了一个跟斗后，将四肢摊开。如果小长颈鹿不能站起身，长颈鹿妈妈就会不断重复这个粗暴的动作。

为了不再挨打，小长颈鹿会努力地站起来，但毕竟是新生儿，它会因为力气不够而停止努力。此时，长颈鹿妈妈会毫不留情地再次踢向它，迫使它继续努力，直到它终于颤动着双腿站起身来。然而，在这个时候，长颈鹿妈妈会再次做出惊人之举——又一次把小长颈鹿踢倒！

为什么长颈鹿妈妈会对自己的孩子做出如此残忍的事情呢？原因就在于，它爱自己的孩子，它要让小长颈鹿记住自己是怎么站起来的。在危机四伏的荒野中，狮子、猎豹、土狼等食肉动物都喜欢猎食小长颈鹿，小长颈鹿只有学会以最快的速度站起来，才能避免自己与鹿群脱离，才能不让自己成为"猎手"们的囊中之物。

长颈鹿妈妈的残酷行为，恰恰是对孩子的保护。如果它不"残忍"，小长颈鹿就不能很快地起来，站不起来，等待它的就可能是灭顶之灾。

以上片段是《动物园观察》中的一段描绘，它旨在告诉人们，能吃苦才能享受甘甜，不能吃苦就会在苦难来临时消亡。动物界如此，植物界也是如此。青松受尽风吹雨打，最后茁壮生长于苍山之上；温室里的花朵灼灼其华，却因为被保护太好而异常娇嫩柔弱，它们一旦失去良好的生存环境，就会迅速枯萎、凋零。

当下，"吃不了苦"是很多年轻人的通病，他们在遇到苦难或者挫折时，总是会抱怨颇多，认为上天对自己太不公平，让他们举步维艰。

可是，如果把眼光再放远一点、宽一点，就会发现，其实很多人和他们一样也曾遇到过同样的困难。有大把的人肯吃苦，不屑于拦在自己面前的那些苦难，他们对美好的未来有一种执着的向往，把吃苦当成是对自己的一种历练。

晓磊从小生活得很顺遂，没吃过什么苦，可是在他刚刚高考后，他的父亲生意失败，欠下一屁股债，他的家一下子陷入了困境。妈妈跟他说，已经没有办法支付他的学费了，他想要继续上学，就必须自己去打工。

没过几天，他的堂哥阿明就帮他介绍了一份在咖啡厅端盘子的兼职。晓磊心不甘情不愿地去了。刚上班第一天，他就叫苦连天，说自己根本干不了这种伺候人的体力活。

到了晓磊轮休的日子，阿明把他带到了一个公园，那里，丁香花正开得灿烂。阿明突然问他："你闻到丁香花的香味了吗？"

晓磊点点头，虽然情绪低落，但头顶浓郁的花香还是让他心旷神怡。阿明伸手摘下一片花瓣，递给他："想不想尝尝什么味道？"晓磊机械地将丁香花塞进嘴中，不消一秒，便将其全部吐出，那味道实在太苦了，他的喉咙都有些抽搐。

"很苦，是吧？"阿明递给晓磊一颗糖，缓缓地说起了自己的故事："丁香花的味道就如我五年前对生活的体会。那年我正读高三，父母先后患上重病，把家里的积蓄花完后，就靠你们家在接济。但我知道叔叔的生意也很艰难，为了不拖累别人，我就利用课外时间去打工，周一到周五端盘子，周末到工地上做小工。"

晓磊极为惊讶，又听堂哥说："其实，上天待我还是不错的，让我赚到了钱，还让我顺利考上了一所不错的大学。后来，我想明白了，年纪轻轻的，多吃点苦一点坏处也没有，它能锻炼我们的意志，让我们在遇到同样的困难时，轻松地将其解决掉。也正是因为我肯吃苦，有非常多的打工经历，我是我们那届第一个被名牌大公司签走的人。"

最后，阿明说："让你尝丁香花的味道，是想告诉你，最苦的树会开出最香的花，只有吃尽苦头，才能换来最甘甜的生活。"一番话，让晓磊充满斗志。一个暑假，晓磊同时做三份工，他的努力让他的父母看到了希望，决定攥紧拳头重新把生意做起来。

苦难和挫折就像一颗外苦内甜的果实，只尝一口，吃到的只能是苦涩，慢慢咀嚼下去，就会尝到里面的甘甜。所以，不要在刚吃到苦时就哀叹自己的日子过不下去了，只要把苦头吃尽，甘甜自然就会来。

能吃苦的人在社会竞争中总是更占优势。有这样一副对联：有志者，事竟成，破釜沉舟，百二秦关终属楚；苦心人，天不负，卧薪尝胆，三千越甲可吞吴。就是说，成长为一个能吃苦的人，就没有什么做不到的事和过不去的坎。

07. 少吐苦水，扩大自己的胸怀

生活中难免有不如意之事，被领导批评了、工作压力大了、工资低了、物价又上涨了……生活中经常能听到这样或那样的抱怨，每个人都在疑惑为什么有太多的不如意发生在自己身上？但是，抱怨有用吗？生活会为此改变吗？很多时候，抱怨不但解决不了任何问题，反而会使情况更复杂罢了。

一年前，小杨来到一家汽车修理厂工作，与他同时进入修理厂的还有其他几个老乡。小杨是个心高气傲的人，他一直想在大城市里做出一番成绩。所以，从进入修理厂的第一天开始，他就不断地抱怨："这个工作真是脏，每天都弄一身油"、"这根本就不是人干的活"……小杨每天都抱怨个不停，认为这样的生活就是一种煎熬，对工作自然也就没有多大热情了，只要老板一不注意，他就会偷懒，应付工作。

一年的时间过去了，与小杨一同进厂的几个老乡手艺都有所长进，老板给他们加了薪，还有一个老乡被提拔为小组长，只有小杨的薪水、地位均不见变化。这下，小杨更是坐不住了，更加抱怨不止，结果他因为心不在焉，没有将客户的车维修到位，致使修理厂蒙受了巨大损失，被老板解雇了。

小杨想要做出一番成绩，却因为老是抱怨工作，结果别人升职加薪，他却丢了饭碗。看到了吧，一味地诉苦和抱怨，而不积极想办法解决问题，只会拖累你前进的脚步，令苦水越吐越多，越吐越苦。同样的不如意，小杨的老乡们却能在其中找到出路，不断提高自己的能力，这才是聪明人的做法。

有一本名叫《通向成功生活的道路》的励志书，作者在书中写了这样一段令人印象深刻的话："生活中常见的一些绊脚石，是我们不知不觉间给自己树立起来的，那就是我们一而再、再而三的抱怨。"既然如此，如果你希望改变自己现在的处境，那么就要学会停止毫无意义的抱怨。

"在比赛的时候，当你的左眼被打伤时，右眼还得睁得大大的，这样才能够看清敌人，也才能有机会还手。如果右眼同时闭上，那么不但右眼也要挨拳，恐怕命都难保！"这是一位成功的拳击手说过的一句话。拳击是这样，我们的人生也是这样，即使陷入再糟糕的困境，都不该自怨自艾、悲观失望，而是要充满希望地睁大眼睛，想着如何将自己从眼前的不幸中解脱出来。这就好比出门遭遇了下雨天，与其一味地抱怨天气不好，挨雨淋，不如赶紧去找一把伞，边走边欣赏雨景。

大学毕业后，李晓凌没有找到合适的工作，暂且在一家保险公司当了业务员。刚到公司上班时，李晓凌就发现公司里大部分人对本职工作不认真，他们不是抱怨工作难做，就是抱怨待遇太低，有的还抱怨客户太无理……的确，这是一份让人很头痛、很难做的工作，李晓凌的工作开展起来也很困难。第一个月，他拿到的只是最基本的底薪，虽然工资低、职位低，但他知道抱怨不能解决任何问题，再难也要上。

怎样做才能让人们愿意接受保险业务员呢？经过一段时间的思考后，李晓凌确定了工作路线，接着，他一头扎进工作中，更加努力地工作。为此，李晓凌还在社区里举办了一场场《保险小常识》讲座，免费为社区居民讲解保险方面的常识。渐渐地，社区居民们对保险产生了兴趣，李晓凌接下来的工作进行得顺利多了，业绩突飞猛进，甚至成了公司里的"顶梁柱"，很快他便受到经理的重用。

正是因为李晓凌没有像其他同事一样只知道一味地抱怨，也没有消极地敷衍工作，而是认真地思考开展工作的方法，并且顺利地依靠自己的努力改变了现状，从而赢得了公司领导的赏识，获得更多发展的机会。简而言之，因为舍弃了抱怨，他暂时忘记了苦恼，获得了从容淡定的心态，最终崛立了起来。

就像同样是一把盐，你放在一杯水里，这杯水足以苦得叫你难以接受，但你把这把盐撒入一个湖泊或者大河中，它就不苦了。对人生而言，所有的苦难就是那把盐。痛苦时，让心怀变得大一点，使气度获得提升，不再在乎苦难，其性也平，其情也安，那么所谓的苦就微不足道了。

瞧，多简单的事儿！

08. 过去的苦难是纸老虎，无须心有余悸

任何一个人的生命中总会有苦难出现，当这些苦难消失后，还是会有人心有余悸。毕竟苦难会带来伤痛，那些伤痛会因为沉重而留在人的记忆中。

英国剧作家萧伯纳说："对于害怕危险的人，这个世界总是危险的。"因为无法忘怀过去的苦难给自己带来的麻烦，从而十分害怕危险。如此，只会让自己越来越脆弱，最后变得步步难行。

其实，过去的苦难就像纸老虎，不会再对我们的生活造成任何实质性的影响。人们之所以还会受到影响，只是过不去自己那一关。从某种意义上说，对过去苦难心有余悸，导致对生活充满恐惧的人，其对手不是苦难，而是自己。

如果你也曾因为过去的苦难而对生活充满不安，认为危险无处不在，那么不妨多想些好的积极的事情，让自己的思想转移，彻底说服自己世界上每天都会有好事发生，自己也会越来越幸运。很多时候，你乐观了，就会遇到好的事情。

陈女士是个乐观积极的人，每天都是笑呵呵的，很少有唉声叹气的时候。一个和她关系不错的新同事很好奇，问她："你是不是一出生就过得很顺利，从来没有遇到过烦心事？"

陈女士微笑着回答："我是一个孤儿，怎么会没有烦心事？"这让那位同事大为吃惊，用不相信的表情看着她。

"我从小生活在孤儿院。"陈女士继续说，"六岁那年我第一次被人领养，可是不到一个月，就被送走了，因为那对夫妇的女儿不喜欢我。从六岁到十二岁，我被转送过三次，最后终于在一户没有子女的老夫妇家中安定下来。"

"还好，你安定下来了，苦难结束了。"同事安慰她。

"是的，我的生活安定了。"陈女士仍然微笑着，眼睛里却涌现出一层薄雾，"可是，我却变得很没有安全感，害怕又一次被送走，害怕彻底被人遗弃。除此之外，我还害怕开车时撞车，害怕家里突然着火，害怕我的养父母突然死去，总之每天都是紧张兮兮的。"

"怎么会这样？可是你现在这么乐观，你是怎么调整的？"同事更加好奇。

"这都是因为我的丈夫。"陈女士眼睛亮了起来，"我的丈夫是我的大学同学，他是一个很理性、很乐观的人。他对我说，不要让过去的苦难影响现在的情绪，还帮我分析，我所害怕的事情发生的几率是非常小的。为了让我相信，他带我去爬一座很陡峭的山，我很害怕会突然摔下去，他就一直鼓励我，慢慢往上爬，一定不会出事。最后，我果真顺利爬到了山顶。诸如此类的事情还有很多，慢慢地，每发生一件事，我就会往好的方面想。比如，我打不通我养父母的电话，我会认为他们是去外面玩了，而不会再像以前那样，想象他们遇到了麻烦。"

"看来，你完全走出了过去苦难给你造成的影响。"

"差不多吧。我丈夫说得对，过去的苦难就是纸老虎，看着吓人，可是轻轻一捅，就破了，我没有必要为了那些纸老虎惴惴不安地过以后漫长的人生。"

为了想象中的几乎不可能发生或是发生概率很小的事情而让自己郁郁寡欢，是多么不划算啊！陈女士是幸运的，在丈夫的帮助下，她顺利地摆脱了过去苦难给她心理造成的影响，从而过上了积极、快乐的生活。

每一个被过往伤痛牵绊的人，都可以像陈女士这样用积极、正面的心态代替消极、负面的情绪。要知道，多数人的负面情绪只是因为过往的苦难而产生的想象，这些想象是纸老虎，它用强悍的外表蒙蔽了人们的双眼。

乔治·库克将军说："几乎所有的哀愁和忧虑，都来自人们的想象而并非现实。"心理专家也说，要想迈过"纸老虎"那个坎，就要舍弃心中那些不切实际的幻想，千万不能让它们控制你的情绪。

另外，过去那些苦难虽然令人伤心，但并非没有意义。一位哲人曾经这样说："人生本短，痛苦使之长耳。"意思是说，人生本来是短暂的，但跟苦难作斗争的过程却延长了它的长度，拓展了它的内涵和广度。换句话说，苦难让人生变得丰富。

与其让痛苦成为我们心理上的负担，不如正视它，让它拓展我们生命的深度，帮助我们体味人生百态。

09. 学会遗忘，让时间来疗愈伤痛

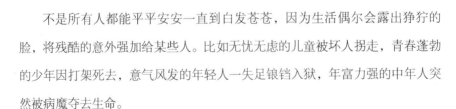

不是所有人都能平平安安一直到白发苍苍，因为生活偶尔会露出狰狞的脸，将残酷的意外强加给某些人。比如无忧无虑的儿童被坏人拐走，青春蓬勃的少年因打架死去，意气风发的年轻人一失足锒铛入狱，年富力强的中年人突然被病魔夺去生命。

在上述诸多悲剧中，受到伤害最多的莫过于当事人的家属。有些家属，很

难或者根本没有办法从悲痛中走出去。往事对他们来说，是一道过不去的坎，因为那就像最脆弱的软肋，只轻轻一碰，便痛彻心扉。

不过，不是所有人都会被亲人的遭遇而绊住脚，总有一些坚强的人能通过各方面的努力让自己走出无休止的悲伤之境。

先来说说因无法接受亲人离开而导致自己崩溃的代表人物祥林嫂。祥林嫂这个人物出自于鲁迅先生的小说《祝福》，这部小说讲述了这样一个故事：

祥林嫂一个安分耐劳的寡妇，因干活勤快，成为鲁四老爷家中正式的女工。但好日子没过多久，她就被坏婆婆强行拉回家嫁给了一个山里人。后来，祥林嫂的儿子出世，她的生活也跟着平静下来。但平静的日子没过多久，他的第二任丈夫就因风寒丧命，接着，她的儿子又惨死在恶狼口中。

接踵而来的苦难生活击垮了祥林嫂，但生活还得继续。为了生计，祥林嫂又回到鲁四老爷家做工。但这次，祥林嫂完全没有了先前的勤快和灵活，记性也变差了，脸上没有一点笑容，逢人就跟人家讲自己儿子的死和自己的悲惨遭遇。久而久之，人们开始讨厌祥林嫂，鲁四老爷也看她不顺眼。后来，祥林嫂的精神越发不济，还听信迷信之说，最后被逐出鲁家，沦为乞丐。最终，某年的冬天，在家家户户都忙着"祝福"的时候，祥林嫂被穷苦夺走了生命。

鲁迅先生写《祥林嫂》是对封建礼教的一种抨击，但抛开大环境，单就祥林嫂这个人来说，她的命运之所以如此悲惨，和她走不出过去的苦难是有很大关系的。当然，她所经历的事情确实是极为悲惨的，换作另外一个人，也许也不会比她做得好。但是，走不出原来的悲剧，最后等来的只能是更大的悲剧。

有些悲剧既然注定无法挽回，与其沉溺于痛苦，让痛苦滚雪球，不如尝试着走出来，让时间来治愈苦难带来的伤痛。很多时候，只有勇敢借助于时间的帮助，才能迈过那道让人心痛的坎。现在，再来看看从亲人离去的悲伤中艰难走出来的王女士。

王女士今年三十多岁，是一名公务员，因性格沉稳风趣，深受同事们的喜欢。但近一年来，同事们越来越不敢靠近她，因为凡是靠近她的人，都会被她冰冷的面孔和暴躁的脾气吓到。

王女士的改变源自于一场悲剧。一年前，自己年仅六岁的女儿因为一次交通事故丧生。最开始那几天，王女士和她的丈夫就像疯了一样，明明知道女儿不在了，还整日守在女儿生前就读的小学门口。经过学校老师和亲戚多次劝告，二人不去守校门了，转而窝在家中发呆。过了一个月，王女士终于去上班了，但脾气大变，动不动就跟同事发火，下属一旦做得不好，便会招来她一顿臭骂。最后，她的领导老陈实在看不下去，在一个周末亲自跑去了她的家中。

老陈在单位从来不抽烟，但那天在王女士家中，他却一连抽了好几根烟。他对王女士说，他也是从苦难中走过来的人，他的第一个孩子一出生就患有疾病，医生说很难活过三周岁，他和妻子虽然难过，但还是乐观地悉心照料着孩子，总希望有奇迹发生，可是奇迹终究没有来，他的孩子在过完三岁生日的第十天便悄悄离去了。

王女士很震惊，老陈又说，他的妻子因为伤心过度，弄坏了身子，再也没能怀孕。最后，他们从孤儿院抱养了一个孩子。

"可是你是怎么走过那段日子的？为什么我觉得自己永远也迈不过那道坎？"王女士很不解。

"就是学着遗忘，勇敢接受时间的治愈。"老陈掐灭抽完的第四根烟，眼梢带着一抹坚毅，"我没日没夜忙工作的事情，忙得心烦了，就拼命读书，读不下去，就找人下棋，要么就找同事聊天，总之就是想尽一切办法遗忘之前的事情。后来，我就真的有些淡忘了，虽然偶尔想起来还是会难过，但已经不像刚开始那样撕心裂肺了。"最后，老陈盯着王女士的眼睛说："想想你自己，是不是太过懦弱了？你只是一味放任自己的悲伤情绪，从来没有尝试着从痛苦中走出来。"

那次谈话后，王女士像变了一个人。她开始忙起来，笑容也多了起来，还时不时地参加同事和朋友的聚会，工作也越做越好。半年后，王女士再次怀孕，她真正地迈过了那道看不见的坎，将痛苦远远抛在了身后。

在无法挽回的苦难面前，王女士消沉了一年，这期间使得同事都不敢靠近她，事业也受到了影响。但值得庆幸的是，在领导的鼓励下，她终于肯尝试走出来，用新的事情转移自己的注意力，让新的事情将过去的伤痛一点点地掩盖。也许，王女士在想起自己女儿时，还是会很悲伤，但这种悲伤不会再一直纠缠着她，她的头顶更多的还是明媚的阳光，她会再次体会人生的乐趣。

每一个深陷昔日痛苦中的人，不妨学习王女士，勇敢地遗忘，去接受新的事物，不要让伤痛一直折磨自己的身心。如果忧虑时间过长，还会导致疾病的出现。医学研究专家说："81%左右的恶性肿瘤和半数以上的早老性痴呆，都和生活中吸收的负面事件及不良信息有关。"由此可见，对苦难的不遗忘就是对身体的破坏。为了体会将来的幸福，为了感受明天灿烂的阳光，去努力遗忘那些无法挽回的伤痛吧。

第三辑

给困惑多一点开释：
生活不是单行道，无路可走时别忘了转弯

漫漫人生路上，我们总会思考很多问题，有思考就会有困惑。有些困惑时间一到，就会自动消失，无须过于纠结；有些困惑来源于实实在在的麻烦，让我们不得不马上找到应对方法。有时候应对方法很简单，就是绕过去。有时候，我们前面不会只存在一条路，懂得变通才能柳暗花明。

01. 换一下角度，再难的问题也可迎刃而解

人这一生，总会遇到各种各样的问题。那么解决这些问题需要如何去做呢？其实很简单，只要换个思路，从不同的角度审视，问题就能迎刃而解。

我们从呱呱坠地到盖棺定论，从平民百姓到显赫名贵，从衣食住行到定国安邦，每一个过程都会遇到各种各样、大大小小的难题。也许，上天注定，活着就需要不断地处理问题。

生活中，很多人面对棘手的问题都不知道怎样去做，于是彷徨无措、束手待毙，最终被困难打倒。殊不知，世上没有解决不了的问题，只有自己困住自己。

在一场瘟疫中，死神因太过劳累，靠在路旁休息。这时，一个好心的年轻人跑来安慰他。死神见年轻人善良老实，就将他收为徒弟。他教给年轻人非常厉害的点穴手法，只要在病人身上的穴道上点几下，那么病就可以治好了。

之后，死神对年轻人说："你现在可以去行医了，但是有一条戒律不可以违犯，就是当你治疗垂死的病人时，我会站在病人的床边，如果你看见我站在病人的脚旁，你可以把他的病治好；如果你看见我站在头那一边，就表示那人的大限已到，你就不用治了，否则，就要拿你自己的命来抵。"

年轻人一直遵守死神的戒律，也治好了很多人，成为当代的名医。有一天，公主生病了，群医束手无策，国王便颁布了一个命令：如果有人能把公主

治好，就传位给他，并把公主许配给他。年轻人听到了这个消息，就跑到皇宫为公主治病。当他走进公主的房间时，公主的美丽使他倾心，可是公主的头旁边却站着死神。

年轻人实在是很喜欢公主，决定要救活她，但是死神站在公主的床头，怎么办呢？年轻人冥思苦想了一段时间之后，对国王说："陛下！请叫人把公主的床换一个方向，这样我就能把公主治好。"

国王立即让人把公主的床换了方向，这样死神变成了站在公主的床尾。年轻人很快就把公主治好了，死神对他也无可奈何。接下来，年轻人迎娶了公主，过着幸福美满的生活。

面对困难时，这个年轻人没有消极地逃避或搁置问题，而是保持冷静的头脑，适时地变通了一下，稍稍地把床头和床尾换了个位置，最终找到了解决问题的方法。

现实中的很多事情都很难用直接求解的方法得出答案，这时不要幻想走直径，只要转换一下角度，从侧面思考问题，一条道走不通就换条路，这样就能让我们更加从容淡定地继续前进。

相反，如果直来直去，不懂侧面迂回的人，则会在复杂的路程中迷失方向，被眼前的困境所蒙蔽，最终碰得头破血流。即使侥幸成功，也会耗费大量心血，难以活得从容淡定。

《孙子兵法》曾云："先知迂直之计者胜。"这里所讲的就是"曲中有直，直中有曲"，这是辩证法的真谛。而在当今竞争激烈的社会，更需要结合环境的虚实、优劣，高瞻远瞩，把自己固定的想法转换一下，才能取得最终的成功。

在美国某著名大学的计算机系，有这样一位留学生。他在博士毕业后，想在美国找一份理想的工作。可是，由于他的起点高、要求高，结果连续找了好几家大公司，都没有被录用。

思来想去，青年决定收起所有的学位证明，以一种最低的身份求职，他拿着自己的高中毕业证前去寻找工作，并声称自己只想在工作岗位上锻炼自己，学习学习，哪怕不给工资也愿意做。不久，青年就被一家大企业聘为程序录入员。程序录入员是计算机系列中最基础的工作，对他来说简直就是小菜一碟，但他仍干得一丝不苟，并且看出程序中的错误，并适时地向老板提了出来。

老板发现青年人居然能看出程序中的错误，非一般的程序录入员可比，对青年自然多了一份认可和欣赏，同时也很好奇。这时，青年人才亮出学士证，于是老板给他换了个与大学毕业生对口的工作。

又过了一段时间，老板发觉在这个工作岗位上，青年还是比别人做得更优秀，于是就约他详谈。此时，青年才拿出了博士证，而且是美国一所著名大学的博士证。老板对青年人的水平已经有了全面的认识，又佩服他能够踏踏实实地做好每一项工作，便毫不犹豫地重用了他。

上面的案例再一次验证了：很多人常常对人生抱怨不已，一次次地竭尽全力冲撞前方的困难，却没有想过可以绕行、爬墙，换个思路让沉疴的思维清醒一下。所以，在碰到困难强攻不下时，我们不必总想着如何正面地克服障碍、解决问题，而是要在充分认识当前局势的基础上，分析对比、审时度势，让思维寻找到一个曲折蜿蜒、绕道前行的道路。

把自己的思维转换一下，该转弯时转弯，当心中的迷雾突然豁然开朗，也许就是现实的柳暗花明，这时的你就会发现，原来一切都没有想象的那么难。人生不是死胡同，自由的人生本就应当惬意洒脱地享受每一天。

02.　认识自己，发挥长处

现实生活中，多数人都有过这样的困惑：同样一件事情，为什么别人做得顺风顺水、洒脱自如，而自己却力不从心，甚至屡屡受挫？在寻找答案之前，请先低头看看自己目前正在做的事情，是否真正是合适自己的。

要知道那些活得轻松自如、洒脱淡定的人，不是因为他们的完美而有如此成就，而是由于他们能够把握得住"进退"的界限。遇到"不可进"的情形，懂得退后一步，专注于"可进"。如此，成功便不再复杂，而人生也不再纠结。

曾经，有一位登山运动员有幸参加了攀登珠穆朗玛峰的活动。珠穆朗玛峰的最高海拔为8844.43米，当他爬到海拔6400米的高度时，身体出现了严重不适，因此他不得不停下来，返回了基地。

事后，许多朋友都替他惋惜，很多人说："已经走了3/4的路程了，你为什么要放弃呢？如果能咬紧牙关挺住，再坚持一下，或许也就上去了。要知道，有多少人梦寐以求站在珠穆朗玛峰上啊！"

可是这位运动员却不以为然，他平静地说："不，我自己最清楚，6400米的海拔高度是我登山生涯的最高点，如果我再攀登的话，可能就会丧命呢。所以，对于我的退却，我一点都不感到遗憾。"

美国总统林肯曾经说过这样一句话："自然界里的喷泉，其喷发的高度不会超过它的源头。"这句话的意思就是，任何事情都存在突破口，但很多事情是不以人的意志为转移的，不是任何人都能够穿越突破口，创造极限的。

这也就是说，每个人都有最大的承受能力，即极限。对于案例中的登山运动员来说，6400米就是他的极限和最大的承受能力。他懂得自己，懂得自己的生命所能承受的极限，因此淡然自若地做自己能做的事。这样，谁能说他不是一位胜利者呢？

很多时候，我们可以看到有些人在标榜自己如何克服困难、挑战极限，英雄般地显耀超越自我的"悲壮"。可是，沉心静气地思索一下，就会发现这一切只不过是人为地把本来简单的事情"演绎"得复杂了。每个人的能力都有所不同，面对困难时，没必要钻死胡同、钻牛角尖，让自己身心俱疲而不得好处。

"当行则行，当止则止"，每个人都应该及时地了解自己的能力，并且承认自己的不足。只有做到量力而为，恰到好处，才能让自己活得更加超脱，让有限的生命显得更加从容淡定。

而要想让自己把事情做到极致，那就先要了解自己的优点、自己的长处，然后制定出与自己匹配的可行性目标与方向。只有这样，才能让自己的能力尽情地释放出来。不过，在充分认识自己之前，我们往往会经过数次的尝试。

奥运会金牌得主，著名的美国跳水运动员格里格·洛加尼斯就是这样。

小的时候，格里格·洛加尼斯是一个非常害羞的男孩，加上有些口吃，他在阅读与讲话方面不尽如人意，曾一度被归为差生的行列。为此，他经常受到同伴的嘲笑和作弄，这令他心里很不愉快。

不过，洛加尼斯是一个聪明的人，通过一段时间的思考后，他发现自己的天赋在运动方面。认清这点后，他减轻了些自责，并开始专注于舞蹈、杂技、体操和跳水方面的锻炼，由于自身的天赋和后天的努力，洛力加斯果然开始在各种体育比赛中崭露头角，获得了同学们的尊重。

在上中学时，洛尼加斯发现自己有些力不从心了，因为无论是舞蹈、杂技，还是体操、跳水，都需要辛勤的付出，他不可能有很多时间和精力去做这么多事，所以常常感到力不从心，而且这些事情自己仅能做到差不多，离优秀还有一段距离。后来，在恩师乔恩——前奥运会跳水冠军的指点下，洛加尼斯认识到自己在跳水方面更有天赋，便接受了跳水专业训练。

经过长期的努力，洛加尼斯终于在跳水方面取得骄人的成就：16 岁成为美国奥运会代表团成员，28 岁时已获得 6 个世界冠军、3 枚奥运会奖牌和许多其他奖项；1987 年作为世界最佳运动员获得欧文斯奖，达到了一个运动员荣誉的顶峰。

洛尼加斯如果在学习上与他人竞争，那么数年过后，他仍然只是个普普通通的学生。正是因为他认识到了这一点，所以开始留意自己的长处，最终找到了自己的核心竞争力，赢取了辉煌的人生。这也证实了一个不争的事实：只有把好钢用在刀刃上，才能发挥出最为锋利的特性，其价值才能得到最大的应用。

因此，不管你在职场也好，商界也罢，只要最大限度地让自己的长处得到发挥，那么就能收获内心的充实与坦荡，收获"个性化"的成功，让自己的人生淡然而洒脱。

03. 对人对事不苛求，释然是最好的解决途径

俗话说得好："金无足赤，人无完人。"这个世界原本就不完美，任何事情都有缺憾，人人也都有缺点。如果在生活中，我们一味地苛求完美、追求最好，那么只能让自己变得浮躁，最终不仅达不到完美，反而还会让自己陷入失望与痛苦之中。

因此，只有放宽心，生活才能变得更为美好。而事事追求完美，并不一定能带来成功。

在一座深山的寺庙里住着几个和尚。这一天，老和尚觉得自己时日不多，便想从弟子中找一个接班人来接替他。但是，弟子个个都很优秀，老和尚一时不知道如何选择。

几天后，他把所有的弟子都叫过来，吩咐他们去寺院后面的树林里各自找一片最完美的树叶回来。所有的弟子都不知其理，但是仍然照师父的吩咐去做了。众弟子来到树林，有些人心想，这么多的树叶到底哪片才是完美的呢？众人冥思苦想，也不知道什么样的树叶是完美的，但师父交代的事情也不能应付，更不能不做。于是，大家开始在树林里仔细地找起来。结果快到天黑时累得气喘吁吁，也没能找到那片"最完美的树叶"，最终都空手而归。

只有一个和尚心想：这里的树叶这么多，每一片树叶又各自不同，什么样

的树叶才是最完美的呢？于是他便在树林里随便拣了一片完整无损并且很干净的树叶带了回去。

到天黑了，老和尚见众人都气喘吁吁地空手而归，唯有这个弟子很平静地把一片树叶交给他，老和尚便问他："你拣回的这片树叶是最完美的吗？"这个和尚答道："是的，虽然我不知道您说的最完美的树叶是什么样的，但我认为我拣回的树叶是最完美的。"

老和尚听后又问那些空手而归的和尚："你们都没有找到吗？"所有的弟子都说："我们尽心尽力地在树林里找了，但是根本没有找到最完美的。"

最后，老和尚宣布自己的接班人是那个拣回树叶的弟子。

众多的弟子之所以没有找到"最完美的树叶"，其根源就在于他们不懂得世上不存在完美事物的道理。如果一味地吹毛求疵寻找心中完美的事物，那么到头来什么也得不到。

在生活中，很多人也会如同众和尚们一样，孜孜不倦地想要得到最好的，认为完美才能解决一切问题。殊不知，很多时候，我们所追求的"完美"，只是一些美丽的错觉。要知道，任何事物的发展都是相对的，即便这一面看似完美了，另一面也难免会有残缺。

诚然，追求完美是人的一种心理特点，或者说是天生的一种秉性，而这并没有什么错。人类也正是在追求中不断地完善自己，才创造出了如今五彩缤纷的世界。但是，凡事都要适度，如果仅仅因为欠缺那么一点点，而终日耿耿于怀或者顽固到底，那就有悖于人生追求美的初衷了。要知道，为了从 99.9%跨越到理想中的 100%，你会为最终的那 0.1%付出超过正常标准很多倍的时间、精力等资源。更何况，100%的完美根本就不存在，我们所谓的完美只是一个漂亮的陷阱和一句极具诱惑力的口号。

不管我们承认不承认，那些过于苛求的人，他们的人生总是相对更为沉重的，生活也是十分疲惫的。这是因为，过分苛求的人的性格中往往存在着偏执的一面，他们常常自我较劲、自我压抑，全然不顾这些会对人的身心造成非常大的伤害。

有心理学家这样说："过分苛求自己的人，平时总会感到有很大的压力，并且经常处于焦虑和疲惫中。一个人的情绪如果长期处于这种状态下，那么很容易走极端，患有各种心理疾病，比如抑郁症等。"

不是有这样一句话吗："水至清则无鱼，人至察则无徒。"在现实生活中，如果我们对人、对事、对自己都过于苛求，那么只会置自己于孤寂和焦灼之中。因此，在生活中，我们一定要理性地认清自己、认清现实，只有在困惑时多一点释然，少一些苛求，我们才能更深地体会到生活与成功的意义。

这一天，出版社的张先生去外地参加一个重要的会议，会议地点在一所宾馆的五楼。这天因为电梯检修，张先生只得从一楼到五楼来来回回地上下了六七趟。几趟下来，张先生感觉腿脚发麻、浑身无力。不过，与他一同参加会议的一位年迈的老太太却大气不喘，精神焕发。

张先生与老人闲聊后才知晓她已经有七十高龄，是这次会议的特邀嘉宾。这么大的年龄还有这么好的身子骨和精气神，这实在令张先生十分佩服，于是就向她讨教养生秘诀。老人说："我的秘诀就是忧愁穿脑过，梦在心中留，对所有事都能释然，对什么事情都不去苛求。"

当谈到梦想时，老人笑着说："我在生活中与人无争，虽然与己有求，但从不过分苛求。我根本不想做名人，也不想当明星，只想做个有所为又有所不为的文学爱好者。我在三十多岁的时候明白了自己这一生所要的只不过是清清淡淡一碗饭，于是就主动放下了许多事情，过着自己想要的生活。每天早上起来跑跑步，白天读读书，晚上有空写写字，从来都是睡得甜吃得香，从不为什么事情去担忧。"

老人正是由于拥有这种看似平淡的心境，才让心沉淀下来，为自己创造了一个极好的创作环境，从而成了一个了不起的作家。

可以想象，如果我们也能像老人这样乐观豁达，与己有求但又不故意苛求，又怎么能不长寿、不成功呢？当今社会，每个人都需要一个梦想，不论年轻也好、年老也好，这个梦想会一直照亮我们的心灵。但是，如果对于梦想过于苛求，为自己制定一些硬指标，比如每月一定要给自己制定完成梦想的具体额度，几年之内要达到什么位置，一生要留下多少财富等等，这样就是对自己的苛求，与自己过不去，这样的话只能让自己终日活在劳累和疲惫之中。

殊不知，世界的巅峰上站着的永远只有少数人。我们只要根据自己的能力，坚守自己的梦想，然后顺其自然地为此努力，那就可以问心无愧，也就能够知足，如此，才能让自己感受到追求梦想过程的快乐与幸福。

有位哲人说过这样一句话："不求尽如人意，但求无愧我心。"在这个世界上，十全十美的东西是不存在的，追求完美只是一种憧憬，一种向往，一种对于生活的体验。我们只要能够做到问心无愧，学会释然，那么就能拨开迷雾见月明。

04. 远离偏激心理，保持一颗理智的心

偏激，可谓是静心的"天敌"。一位作家曾说过这样一句话："人的一生，像一局棋，常常是一步走错，满盘皆输。痛苦的少年，常会是后来不愉快的青年。不愉快的青年，往往是终生偏激忧郁。"

为何如此说呢？这是因为，偏激者大都戴着墨镜在"行走"，往往"一叶障目，不见泰山"，看事以偏概全、做人固执己见、办事意气用事。这是一种病态，一种主观武断、我行我素的臆想。

关于偏激，有这样一个故事：

一个养鸡场的主人很讨厌保险推销人员，因为他之前遇到过出事之后不赔偿的案例。因此，他觉得保险推销人员人前一套背后又是一套，这让他咬牙切齿，平时有事没事就向别人说保险业的坏话。

有一天，一个推销人员来鸡场买鸡。鸡场主人虽然很讨厌他，但是有生意来自己不会放过，于是他就带着推销人员到鸡场里挑鸡。对方左挑右选，最后终于看中了一只毛掉得差不多、头也秃掉的老公鸡。

鸡场主人很奇怪，问为什么要买这只又丑又老的公鸡呢？推销人员轻轻一笑，回答道："我回去把它养起来啊，然后路人看见了肯定会问我从哪儿买的，我就告诉他们是从你这里买的。"

鸡场主人一听着急了："不行啊，你看看我这里养的鸡都是肥肥嫩嫩、漂

漂亮亮的，就这一只又丑又老，你挑选了它也就算了吧，凭什么还要把它当成我养的鸡的代表，那也太不公平了吧!"

这时候，推销人员笑嘻嘻地回答道："你看，同样的道理啊，少数几个推销人员行为不检点，你就认为整个行业都是这样，那么，照您的话说，这对我们公平吗?"

个性过于偏激，一激动就会迷失方向，就不能心平气和地面对眼前的人和事，这样很容易走进一个怪圈：不理智，然后偏激；进而更不理智，最后更加偏激，这无疑是静心的大障碍。

我们的生活、工作周围肯定会有偏激的人存在。比如，看到少数医生拿红包，就开始痛斥医生如何如何大笔收取"手术费"；看到社会出现一些不公现象和害群之马，就愤慨人心不古，社会坏透了。

偏激心理的要害是情绪的激愤，常常发生在我们对某件事的争论时，尤其是争论的双方本来就心存芥蒂，所以一旦意见分歧，就新账老账一起算，情绪更加激愤，这就容易将本来不大的问题复杂化，更容易使彼此的关系搞僵。

要想走出心理不平衡的误区，让自己变成理智的思考者，就得学会在纷繁的世界中保持一颗理智的心。不能以偏概全，固执己见，意气用事，甚至一竿子打翻一船人，而是要在公平公道的基础上，看待红尘世间的一切。

Luoly 曾经被一个原本很好的同事伤害过，她气愤极了，偏激地认为在公司是没有人情可言的，于是对别人产生了警惕心理。在公司里，她总是有意识地拒绝与别人交流，对别人也根本不关心。

刚一开始，同事们还会友善地和 Luoly 打招呼，但 Luoly 回应的总是一副冷冰冰的脸色，让对方很不舒服。久而久之，大家也就对这位冷美人渐渐疏远了，甚至还有些小小的厌恶，毕竟谁也不欠谁，她凭什么摆脸色给人看啊。

在公司里，没有人把自己当朋友看，这让 Luoly 更感职场的冷酷无情，内心自是一片孤独，时常焦躁不安。主任了解情况后，找 Luoly 进行了深入的谈话，指出："如果你因为某一个人受伤害而将其他所有人都当作敌人的话，是永远得不到快乐的。你有没有想过改变一下自己呢？拿出自己的信任和热忱。"

后来，Luoly 开始尝试着微笑着和同事打招呼，热情地帮助别人，慢慢地大家对她产生了一种亲切感，自然而然地就喜欢和她做朋友了。有了平静安好的心情，又有了好的人缘，Luoly 工作起来很有激情，步步升高。

因此，要想和风细雨地化解矛盾，就要保持一种冷静的心态，对待周围的人和事，或支持、或反对，都要按捺住自己的激愤情绪，不能夸大自己的偏激认识。

只要有信心、有耐心，不断改造内心的非理性观念，学会全面而客观地分析和认识问题，在静心思考之后再陈述自己的见解，偏激就能得到有效的控制，你就会变得沉着、大方、冷静、自信，别具一番韵味。

05. 在变通中寻找出路

我们常说：穷则变，变则通，通则恒久。而我们在生活中，常常会发现有些人一条道走到黑。不管前方多么坎坷，不管前方多么危险，都义无反顾地拼命向前冲。然而，这些人最终得到的却是满身的伤痕累累，以及逝去的青春。

殊不知，生活中的很多事情，只要我们能有一个小小的变通，便往往很容易地解决令我们一直头疼的问题，让看似走到尽头的人生之路再起波澜。

毕业后，刘白梅做了一名编辑。有一次，她向一位著名作家邀稿。那位作家一向以难对付著称，所以刘白梅在去他家之前，感到既紧张又胆怯，心理惴惴不安。

第一次与作家的谈话并不成功，因为不论作家说什么话，刘白梅都说"是，是"或者"可能是这样的"，局促不安的她全然忘了要求作家写稿的事。于是，刘白梅想了一夜，决定明天再去拜访作家，这次一定要向他说明这件事，绝不能像今天这样随便地结束。

第二天，刘白梅如约见到了作家，可是作家的态度非常冷淡，始终没有答应写稿的事。就在刘白梅灰心丧气、快要向作家告辞的时候，突然她的脑中闪过一本杂志刊载的有关这位作家近况的文章，于是就对作家说："先生，听说你有篇作品被译成英文在美国出版了，是吗？"

作家倾身过来说道："是的。"

她继续说道："先生，你那种独特的文体，用英语不知道能不能完全表达出来。"

"我也正担心这点。"作家饶有兴趣。

他们滔滔不绝地谈论着，气氛逐渐变得轻松，最后刘白梅提出作家为她写稿的要求，而作家也笑着答应了下来。

事例中这位不轻易答应他人的作家，为什么会因为刘白梅的一席话而改变了原来的态度呢？这是因为他认为这位编辑不仅读过他的文章，而且对他的事情也十分了解，不能随便地应付。因此，我们在跟人打交道的时候，不妨多多地了解要交谈的对象。在交谈的时候，让对方以为你对他的事非常清楚，这可以拉近你与对方之间的距离。

生活中，很多人在和名人或有头衔的人见面时，都会产生胆怯的心理，不经意间让自己矮了一头。然而，殊不知气势如果被对方压倒，那就会犹豫要不要开口向对方说明要求，这样就会使交谈陷入冷场，令双方显得尴尬。

因此，生活中的我们，不论遇到多大的事，首先要做的就是了解对方的兴趣、近况等，使对方觉得你对他的事非常了解。而这就是变通，就是寻找别的路径。

所以，我们在做事的时候，要懂得思考，不要刻意地去模仿别人。只有充分地发挥自己的聪明才智，在变通中寻找出路，在思考中找到解决问题的最佳途径，才能达到事半功倍的成效。

钱钟书先生是文学界的泰斗，很多想向他约稿的编辑都在他面前碰过壁。为此，传播媒介把他的脾性渲染得异常乖僻。

有位编辑特别仰慕钱老的才华。自 1961 年钱老的力作《通感》问世以来，其大名即铭刻在这位编辑的脑际，追慕至今。而且，钱老的叔父钱孙卿先生是她所在学校的前任老校长，所以她很想去拜访钱老。

鉴于前车之覆，这位编辑行事不张扬，她对钱老的著作及学术成就有了详细的了解之后，自度籍籍无名，需投石问路，先迂而回之。

她了解到钱老和他的夫人杨绛女士伉俪情深，夫妻俩情趣高雅，幽默诙谐，相与为乐。杨绛女士经常称钱老为"黑犬才子"。此系钱老之字"默存"分拆而成的离合体字谜。

于是她冒昧地为他们的姓名编了两条灯谜："文化著作"指"钱钟书"；"杨絮飞来片片红"指"杨绛"。这位编辑在她的拜访信中先呈上灯谜，然后陈述其叔父举学之业绩。

很快她收到了钱老的回信，内附联名贺卡，蓝底金字，庄重雅致。特别是钱老签名的明信片，神旺气足，独具风采。最终，钱老同意了这位编辑的要求，达成了她的愿望。

以上这件事告诉我们，当我们面对令人敬仰的人物时，只有细心地关注对方，详细了解他的兴趣或近况，这样才会使对方自然地亲近你，从而加深对你的印象，如此，你的愿望便能水到渠成地实现。

生活中，很多时候我们在做一件事时，往往都会出乎自己的意料，一切并不按原先所想的那样去发展。要知道，一个人的做事准则往往是前人的智慧结晶或书本中的知识。但是，"尽信书，不如无书"，有时候书本上的知识与实际生活有很大的出入。因此，切不能一味地按书本中的方法去解决生活中的各种难题，如果生硬地去运用，那只会弄巧成拙。

自然界里有一种鸟类，它们以食鱼为生，但其嘴的形状是直的，上下两部分都又长又宽阔，在吞食鱼的时候是很容易被卡住的。于是，在吞吃食物时，它们常常把捕到的鱼儿往空中一抛，让那条鱼头朝下尾朝上落下来，然后接住咽下去。这种吃法可以使鱼在通过咽喉时，鱼翅的骨头由前向后倒，不会卡在喉咙里。

作为社会人，在为人处世上，我们就应当懂得变通，寻求另一条道路。连鸟都知道"把鱼倒过来吃"，聪明的你难道会赤膊上阵、硬碰钉子，让刺卡在喉咙里？

我们跟随时代的潮流，是因为我们认可了它，认可了自己也是引领潮流的一分子。如果在劈波斩浪之时，我们有自己的宏伟蓝图，并真正做到了自我实现，那我们在别人心中的地位便自然上升。假如你的魄力不足，那不妨在变通中寻找出路。在面对难题时，我们只有懂得变通，多想出路，才能在荒凉的小道边找到一条平坦的充满花香的路径。

06. 面对一条错误的路，必须果断放弃

我们在选定目标前行的时候，坚持不懈是一种可贵的执着精神，而这种精神对于实现自己的目标是必不可少的。但是，生活中很多事情并不是靠着一往无前就能成功的，有时候，过于执着还可能使自己悔恨终生。

我们并不是说，做事时不能抱有坚持的精神，可很多时候，我们所做出的选择未必是正确的。因此，当我们发现走的路是错误的时候，一定要果断地放弃，不能撞到南墙才知道要回头。

大西洋里有一种长得极为漂亮、银肤燕尾大眼睛的鱼。这种鱼因为平时生活在深海之中，所以不易被人捉到。但是它们会在春夏之交逆流产卵，会顺着海潮漂流到浅海。这时候，它们极易被渔民捕到。

渔民们捕捉它们的方法很简单：用一个孔目粗疏的竹帘，下端系上铁，放入水中，由两个小艇并行拖着。这种鱼极为有"个性"，只知道向前冲，不知道要转弯，即便是闯入罗网之中也不会停止向前游。所以，它们一只只"前赴后继"地陷入了竹帘孔中，而帘孔也会随之紧缩。这样，竹帘缩得愈紧，它们就愈激怒，愈拼命地往前冲。结果被牢牢卡死，成群结队地被渔民所捕获。

　　而现实中的很多人又何尝不是如此，他们过于执着、顽固、偏激、冥顽不灵，不懂得变通，一旦选定了方向，就义无反顾地前行。这样，如果选定的方向出现了偏差，那么无论再怎样努力也不可能达到既定的目标，最终导致悲剧的出现。

　　诚然，坚持、执着是一个人良好的品质，但是一味地坚持、刻意地执着，就会变成一种盲目的固执与任性。要知道，我们的忧郁、无聊、困惑、无奈以及一切的不快乐，都和我们不够超脱自由，不够从容淡定，盲目坚持走一条道有关。

　　有人说过这样一句话：人生最大的悲哀就在于轻易地放弃了本该坚持的，却固执地坚持了本该放弃的。

　　很多人认为苦苦等候，是对爱的执着，是对爱的坚守，是一种伟大的爱情。然而，死守着一份不属于自己的爱情，在那里默默挣扎，让自己心力交瘁、身心疲惫，这不仅是在折磨自己，也是在折磨他人。并且这样的苦守还可能阻断追求真爱的路，使自己错过很多原本属于自己的爱情，从而使自己徒增烦恼、平添伤害！

　　然而，生活中很多人这样的心态又何止在感情方面？有人无畏地坚持一个职位，有人无畏地坚持一项力不从心的事业……这些人之所以活得那么累，找不到人生的正确方向，正是由于不舍得放弃，义无反顾地坚持一条道走到底所造成的。

　　一条无路可走的死胡同，我们何必要走到尽头？要知道，只有早早地走出这条死胡同，才有可能绝处逢生，有新的发现、新的开始。这正如文学大师斯宾塞·约翰逊说过的那句话："只有越早放弃旧的奶酪，你才会越早发现新的奶酪。"

"明白的人懂得放弃，真情的人懂得牺牲，淡定的人懂得超脱。"每个人都有很大的发展领域，只要不固守一处，及时回头，对自己的生活进行重新定位，那生活必定会赋予你全新的东西。

晨和欣是在工作时认识的，欣不仅长得漂亮，还十分稳重，这正是晨喜欢的。欣平时不怎么喜欢说话，每次都是晨有事没事去找她聊，时间久了自然就成了好朋友。

当晨见不到她的时候，就感觉心里空空的，见到她的时候，就会特别高兴，所以每天都盼着上班，工作自然特别有劲。可好景不长，欣因病辞了工作，之后见面的机会就少了很多。

对于晨来说，见不到欣的日子就是煎熬，感觉做什么都没有意义，他这才意识到自己已经爱上了她。但他不敢表白，因为这是他的初恋，害怕说出后会遭到拒绝。

最后，晨鼓起勇气还是向欣表白了，欣觉得很惊讶，说让她考虑考虑，当时晨以为有希望。谁知道两天之后，欣对他说，他们不合适。被拒绝了，晨依然没有死心，第二天他去找欣，希望有奇迹可以出现，但欣果断地拒绝了他。

离开欣后，本以为自己会非常难过，却发现自己轻松了许多。他不知道自己为什么如此平静，难道以前对欣的爱恋都是一种错觉吗？难道自己从来没有真的爱上过她吗？当初为了她甚至可以抛开一切，可是为什么被拒绝后，反而没有想象中的难过……最终，他还明白了，就像人们常说的那样，爱她只要她幸福就可以了。

所以，人生并非只有一处辉煌，没有必要无畏地坚持。只要审时度势，当机立断，作出合理的取舍和选择，就能另创一番精彩。

07.　伤害我们的，有时是我们对事情的看法

　　生活中，很多事情的本身往往不会对我们造成伤害或阻碍，而我们却常常对某件事情不能解脱和释怀，这正是因为我们对待事情的态度和反应。殊不知，事情本身是一回事，如何看待它却是另外一回事。

　　我们对事物产生某种希望或者恐惧，这是因为事物往往会以各种情形出现，从不顾及我们的感受，也不会迎合我们的欲望。其实，对于外部的环境我们无法选择，但是我们可以选择对外部环境的回应。要知道，乐于接受现实也是热爱生活的一种表现。既然一种情形已经降临在我们的眼前，那么我们就要努力地寻找它存在的益处。只有这样，我们才能更好地接受它们，才能更好地换一种角度或者思维去考虑问题、解决问题。

　　曾经，有一位母亲教育儿子："儿子，不要把困难看成困难。"

　　"那把它看成什么呢？"儿子问。

　　"把它看成你平时最爱玩的电子游戏中的那些怪兽。当它来的时候，你不要怕，你只需要用力地打它，打败它！你甚至可以想：'呃，又有好玩的了。'你玩游戏的时候，不是越大的怪兽越刺激好玩吗？"

　　"如果我打不过它，失败了怎么办呢？"儿子问。

　　"那又有什么关系呢？你平常玩游戏时，失败了不就是重新再玩一次的吗？"

母亲回答道。

是的，失败不可怕，可怕的是我们在心态上彻底输了。我们可以这样假想，未来的我们一定是个幸运者，眼前的困难只是一场游戏。这样一想，我们便不会烦恼、不再郁闷、不再伤心，而是再给自己重来一次的勇气和机会。而正是因为如此，我们会抱着轻松、乐观的心态进行奋斗，直至最终获得成功。

如今的社会，很多人常常会带着一份厌恶感或同情心去看待一些问题。这样就会无意间保留了一些未经检验的看法和观点，认为事情本身就是一场无尽的灾难，自己根本就没有办法改变，从而无所适从，被困难打倒。而明智的人，却可以用有益的方式对这些事情做出一些恰到好处的反应。

有一个女作家为了寻找写作的灵感，使得作品与众不同、有味道，常常四处飘荡。

有一次，她来到一个小山村体验生活，夜里在一对夫妇家借宿。女主人看了看她，同情地说："一个女人这样浪迹天涯，太可怜了！"女作家听后，诧异地说："不啊，我并不觉得可怜和孤独。能够实现理想，我很快乐啊！"

很多人对事情的看法往往都带有强烈的个人色彩，比如，"这都是他的错误"、"哎，我的命好苦啊"、"这样的日子真的没法过了"，等等。这些都是他们自己的结论，都是有限经验的结果。假如这些人能辩证地看事情，即使在不利的事情中也能看到其中存在的优势，能分辨出其存在的价值，那么就能很好地吸取教训，使事情向着美好的方向发展。相反，如果他们不能走出误区，不能摆脱过度的个人色彩，那么未来的日子一定非常灰暗。

有一个男生认为自己长得很丑，对女生没有吸引力，于是很自然地想方设法去证实自己的"正确"判断。这时候，如果有女生说他的身材很健壮，那他就会立即想到脸颊上的那颗丑陋的黑痣；如果女生说他的眼睛很漂亮，那他又会想到自己的鼻子过于突出了……这样的想法，这种自卑、自贬的态度，最终把对他心生爱慕的人赶跑了，而由此他更加肯定了自己很丑的想法。

每个人都有自己的判断标准，我们不能期望任何人都和我们的观点一样。要知道，别人的看法永远是别人的主观意识，只要不对我们造成直接的伤害，不侵害我们的合法权益，那对我们而言都是无关紧要的小事，我们宁静的心切不能被它们打扰。

生活中总有太多的不完美，会或多或少地影响着我们。如果我们对这些不完美都怀着偏见、怨恨、不满，那么我们所处的世界就将会发生扭曲，最终导致人生的悲剧。生活中很多的不如意，其实都是我们对于事情的看法不同而已。因此，只要我们改变自己的心境，那一切就都会豁然开朗。

08. 不要试图改变我们无法逆转的事

一个牧民早起去山坡上放羊，他有个习惯，就是每天都要数一数羊的数目，把几百只一只一只数过来数过去，数上几遍才放心。今天，他怎么数都发现少了一只羊。牧民心情很差，更糟的是第二天他去放羊，发现又少了一只。

于是，牧民便去寺里找熟识的法师哭诉，请有智慧的法师帮他想一个找回羊的办法。法师说："听说这附近来了一只狼，想必是狼吃了你的羊。"

"如果这只狼不出现就好了！我的羊就不会少！"牧民悲愤地说。

"狼已经出现了，你再这样想有什么用？如果你没有能力打死狼，就想想该怎样保护你的羊吧。"法师说。

羊死了，需要做的事是补牢，而不是哀哭或者恳求狼不要再来。有些事，特别是那些已经发生的事，首先要做的不是抱怨，而是接受。这种时候接受往往意味着面对损失，人们都会心不甘情不愿。可是不接受只会让损失更大，白白浪费了补救的时机。在"大势已去"的情况下，与其负隅顽抗，不如赶快想退路，想出路。

人生的无奈之处在于，很多事情我们能够预料到结果，但即使再努力也无法逆转。例如，有人从小就想当空中小姐，可是她的身高偏偏不到一米七。也许她会觉得这不公平，但什么是公平？还有些人天生超过两米，处处行动受限；有些人不足一米五，常常为此自卑，这难道就是公平？如果真有不公平，也不单单作用在你身上，你有好的一面，自然也会有不如意。

也有人试图改变不可逆转的事，最后是空耗了精力和时间。当我们在能力不允许的情况下，不要白费心思和力气，干脆一点，接受现实。

有些事情注定不能改变，例如地理位置刚好在板块交界处的国家，无法避免接连不断的地震。但是，人们不应该被动地接受一件事，而是应该积极应对，把损失减少到最小。我们不能改变的，是事情的进程和结果，但能够改变的，是事情对自己造成的影响。如果一个人能把给自己巨大压力的事，变成一件可有可无的小事，他就是智者。

日本是一个多山多地震的国家，那里的人历来饱受地震侵扰，经常造成巨大损失。不光是地震，每年夏天都有台风过境，小的时候不过瓢泼大雨，大的时候树木被折断，房屋有时也不能幸免，甚至可能造成水灾。

那里的人们，早就习惯了应对灾难。不论是房屋的建造还是构造，都是为了尽可能减少自然灾害的影响。所有在灾难地区生活的居民，之所以能够安居乐业，就是因为他们既有承受灾难的心态，也有对抗灾难的准备。

当事情不能改变的时候，我们应该考虑如何改变自己的观念。例如一个人身高不够，不能实现他的篮球梦想，那么他就应该考虑去踢足球、去打乒乓球。也许有人说："我就爱篮球！"这就是典型的想不开要钻牛角尖。现实如此，你必须给自己找一条最适合自己的路，这条出路应该从一开始就去选择，而不是在你受尽挫折，发现自己"不行"之后，才不甘不愿地去"转型"。而且只要你观念转变得快，就会发现足球也没什么不好。

普通人总是想改变环境，智者永远思考如何改变自己。改变自己，并非让自己面目全非，原则丢掉、爱好丢掉、自我丢掉，而是在一个大方向上，修正一些小路线。当然，也会有这样的时候，你发现你走的大方向都出了问题。这时，更要发挥你冷静的头脑和果断的决策力，及时扭转乾坤，让自己走上最正确的方向，防止以后的后悔和对前途的耽误。

第四辑

给失利多一点信心：

成功和失败之间，只隔着一点坚持

不管是考试、比赛失利，还是创业失利，都会让人感到沮丧。

但失利并不意味着永远的失败，懂得坚持的人，会带着失利赐予他的经验，潇洒地走到成功的彼岸。相比一路顺风的人，那些在跌倒后爬起来，并最终走向成功的人更能体会出成功的意义。不要因为一次失利就彻底放弃，失利后，忍痛继续前行，你才能看到胜利的曙光。

01. 人可以被打败，但不能被打倒

海明威的《老人与海》里有这样一句话：你可以被打败，但不能被打倒。没错，坚持就是这样，只要我们相信它、坚信它，那它就不会让我们失望；只要我们不抛弃它、不对它放手，那它也不会抛弃我们，会一直引导我们走向成功的巅峰。

其实，失败并不可怕，它只是给我们一个机会，让我们可以认识到自己的欠缺，从而为下一次成功积蓄更多的力量。这世间到处都是和我们一样刚刚起步的人，任何一个瞬间都是许多种结果的开始。难道刚遇到困难、障碍物、绊脚石，我们就借口徘徊不定、裹足不前了吗?

诚然，在遭受打击的时候，我们有时会有种被击昏的感觉，感觉自己就要投降了，就要认命了，就要逃跑了。其实，这种感觉只不过是那么一小会儿。当我们看到眼前出现了新的事物，哪怕只是窗户前绿油油的盆栽，透过窗户吹进来的徐徐微风，也会有种重新奋进的勇气。

巴威尔写作前是一位富翁，但是他没有选择和他财力对等的享乐型生活，而是选择了挥笔写作。之后，他千辛万苦创作出来的首部诗作《杂草和野花》，被当时的文学界讥讽为真正的"杂草和野花"。许多当时颇有影响的文学家不屑一顾地相互议论说："巴威尔那个家伙真不自量力，以为凭一句'啊! 美好的生活'就可以青史留名，真是可笑，太可笑了!"他因此成为当时文学界最大

的笑料，是人们茶余饭后消遣的最好谈资。

后来，他再次努力创作的小说《福克兰》，又成了一部失败之作。这次，曾经嘲笑他的人更坚信自己的看法了，他们像宣告真理一样嘲笑巴威尔：垃圾根本无法回收。

有些意志薄弱者如果遇到这种情况肯定会放弃，然而巴威尔却继续笔耕，坚持不懈，不达目的决不罢休。他的这种不被打倒的意志让他对创作充满了冲击和拼搏的力量。通过不断的努力，广泛的阅读，他最终走出了失败的阴影，迈向了成功。继《福克兰》之后，他在一年之内又发表了作品《伯尔哈姆》。这次，读者给出了一致好评。巴威尔从此一发不可收拾，开始了长达三十多年的文学创作生涯，写就了一系列优秀作品，一举登上了世界文坛的巅峰。

试想，如果当初巴威尔沉沦在失败中，沉陷在别人的嘲讽中，那他还会有这样的成就吗？没错，我们在前进的过程中，难免要面临各种各样的失败。失败并不可怕，我们只要彻底清除思想中与失败相关的所有东西，然后拍拍身上的灰尘站起身，就一定能够争取到未来的甘甜。

2005 年，陈明 26 岁，他怀揣着从亲朋好友处借到的 70 元钱踏上了开往北京的火车。当他走出北京站的时候，身上只有不到一百块钱和一张在部队用过的旧被子。在老乡的介绍下，懂建筑知识的陈明当上了建筑工地的班长。一天的报酬是一百元，一年他挣了近三万，这在当时是个让人羡慕的数目。

2006 年 3 月，陈明从老家带来 40 多个农民工，又从别人手里转接来一个小工程。不幸的是，就在工程结束后，老板却跑了，他一分钱都没有领到。这年年底，陈明连回家的钱都没有了。有一位朋友不忍看他这样，就给了他 50 元钱，近 10 天的日子，他每天只吃 1 顿饭。

这样的情况让陈明的自尊心受到很大的伤害，当时他暗暗发誓一定要混出个人样儿。后来，终于等到了转机，他和一个制胶厂签订了几十万元的厂房维修合同。当陈明按时按质完成了全部工程时，他受到了对方的大力称赞。期间，陈明又接了几个小工程。年底的时候，他发现除去各种债务，自己竟然有了十万元的存款。就这样，他慢慢在北京站稳了脚跟，个人资产也超过了百万元。

后来，陈明觉得流通领域和生产领域可以挣大钱，于是就花几十万元租了一间大型地下室，将其装修成商场之后转租给他人，每年可净赚几十万；同时他还在山西开了两家煤矿。刚开始两年，煤矿和商场为他带来了大量资产。但随着时间的推移，由于经验不足、决策失误，他所开的煤矿和商场相继倒闭。

仿佛一夜间，陈明就从一个百万富翁变成了一个身无分文、负债几十万元的穷光蛋。但是，陈明没有被困难击倒。在经过仔细考察后，他又用借来的一百多万元创办了一家贸易公司，第一个项目就是服装商场。他把商场租下来自己经营，招聘的员工85%都是大专以上文化；他还实行严格的考核和激励制度，建立了现代企业制度。因为他的敏锐眼光和百折不挠的开拓精神，他的服装商场蒸蒸日上。

面对多重的打击，面对巨额财富一夜间化为乌有，陈明并没有像有些人那样颓然放弃，抱怨命运，长吁短叹，躺在角落里默默垂泪，而是一次又一次地站了起来，不屈地与命运进行斗争，深信自己一定可以成功。终于，功夫不负有心人，陈明站了起来，再次在社会这个广阔的舞台上尽情挥洒热情。

生活中，很多人之所以取得成功，是因为他们站起来的次数比他们倒下的次数更多。即使被打倒1000次，也要有第1001次站起来的勇气和信心。他们把握住了那千分之一的机会，最终站在山巅上笑看着人生。

02.　最深的绝望里，也能遇见最美丽的惊喜

我们先来分享一个经典的小故事。

这一天，一头驴子不小心掉进一口枯井里。这个井虽然不怎么深，但是正好卡住了驴子，使它不能大幅度动弹身体。不过，求生的欲望使它拼命挣扎，可一切都无济于事，它只好在井里凄惨地叫了好几个钟头。

这时，农夫也跑了过来。他看到驴子在井里，便站在井口边团团转，绞尽脑汁想救出驴子的方法。后来，他叫来邻居，先是用绳子拉，再是用木棍抬，但折腾了大半天也无济于事。最后，农夫决定放弃，他想这头驴子年纪大了，不值得大费周折去把它救出来。为了避免他人也遭到厄运，他想还是把这口井填埋起来吧！

农夫把所有的邻居都请来帮他填井。大家抓起铁锹，开始往井里填土……驴子很快就意识到发生了什么事，起初，它只是在井里恐慌、痛苦地哀号着。不一会儿，令大家都很不解的是，它居然安静下来。几锹土过后，农民们终于忍不住朝井里看，眼前的情景让他们惊呆了。

原来，上面的泥雨如注，驴子下意识地抖动了身体，它低头一看，蓦然间看到了生还的希望。泥土不停地朝它身上倾泻，它则不停地抖动身体，让那原本要淹没自己的泥土踩到脚下，成为不断垫高身体的地基。

农夫高兴极了，于是加快了往井里填土的速度。就这样，没过多久，驴子的身体就升到了井口，然后它纵身跳了出来。

每个人的一生都不会风平浪静，生活也都不会一帆风顺。我们在人生的旅途中前行时，难免会陷入"枯井"中，各式各样的困境就像不停掉落的尘土让人无处躲藏。但是，即便这样，我们也不应该放弃，也不应该绝望。

假如我们绝望了，那恐怕只能陷在井中，无法脱困；相反，如果我们能够相信生命中还有希望，乐观豁达地面对一切，那就有可能将落在身上的泥土转变成帮助自己脱困的垫脚石。相信只有这样，我们灰暗的心才能被照亮。

这正如台湾漫画家几米在《希望井》里说的："摔落深井，我开始大声地疾呼，等待救援……天黑了，黯然低头，才发现水面满是闪烁的星光。我在最深的绝望里，遇见最美丽的惊喜。"

没错，任何事物都有两面性，如果用绝望的眼光看事物那就会看到绝望；如果用希望的眼光看待它那么就会看到希望。因此，当生活不如意的时候，一定要记住：掉落深井，万万不可绝望，要用希望的心去捕捉逢生的点滴。

这就如事业陷入低潮时，没有平时的豪迈，没有一呼百应的威风，应当如何去做？这时，我们应当用希望的眼光看待一切，用亲情的温暖发掘自身原本乐观的性格和坚韧的品质。

王琳琳和大多数人一样会遇到工作不顺心的事情，但无论何时，她展现给众人的始终是积极向上的精神风貌，丝毫不会让工作中的事情影响到自己生活的心情，她的"灵丹妙药"就是用希望看待一切。

这天，王琳琳辛辛苦苦做了一个星期的策划被上级否决了，而且上级在一气之下还将她开除了。工作没有了，王琳琳一下子有些迷茫。周围几乎所有的

人都以为她这次 "站" 不起来了，谁知第二天人们又看到她笑容满面地去找新工作了。

"这件事情对我的确是一个很大的打击，我承认我有那么一刻是迷茫的。" 王琳琳微笑着说，"但是，待我回到家看到爱人像往常一样在厨房中忙乎着为家人做饭、烧水的场景，女儿在屋中快乐地嬉戏，一见到我回家便都兴奋地扑了上来……" 顿了顿，王琳琳继续说道，"当时我就想，我还有疼我爱我的老公，还有活泼可爱的女儿，更别提我还有 5 年多的工作经验。这样想着的时候，我的心里像洒进了阳光，所有的烦恼都悄然从心头退去了。"

生活并不是灰暗的，处处都充满了美，只要我们偶然低下头去，那就能发现别样的美丽。所以，面对压力时，不要轻易放弃，转过身便能减轻困顿中的种种沉重。因此，当生活中遇到失意、工作中遇到困惑时，我们应该给自己一份希望，用心看看身边的美丽。

当你看到叶子的时候，不要惘然，因为花就在你的面前；如果你会为一朵花儿的盛开而惊喜，那也会为一片花瓣的凋零而惋惜；如果你会为小的成绩而自豪，那你也会为了吃到一顿好吃的饭菜而幸福地微笑……我们的身边处处都有不经意的美丽。

在失利的时候，只要让自己的心充满阳光，让它覆满我们的心田，照亮我们前行的道路，那么一切难题就能够迎刃而解。现在，你知道如果再跌进生活的低谷，应当如何去做了吧！相信，只要你面对失利时多点信心、多点阳光，那就一定能够克服生活中的坎坷，成功也会离你越来越近。

03. 没有真正的绝境，只有绝望的内心

留意一下生活的周围，时常有这样一些声音跃入我们的耳畔："半辈子了，还一事无成，我这一生算是没戏了"、"工作得不到领导的认可，自己也泄气了"、"上有老下有小，自己收入又不高，以后的日子怎么过呀"……凡此种种，无不透露出当事者为自己的困境所累，以至于对整个人生都失去了兴趣。

在这些人的心里，或许从未想过人这一辈子是难以一帆风顺的，总会时不时平地起波澜。这时候，若是只想着面前的困境和不如意，那么心里就会注满困苦和无助的情绪。这样一来，整个内心早就被绝望填满了，还有什么希望可言呢？

事实上，我们在追寻人生的幸福、事业的发达的过程中，是被一种叫作"希望"的东西引领着才有了前进的动力。可以说，是"希望"为我们带来了力量，帮我们赶走了悲伤和沮丧，引导我们迎接灿烂的阳光。

因此，为了人生的美好和快乐，不管遇到什么艰难险阻，我们都不要让内心绝望，而应秉持积极的心态，这样我们才能走出重重阴霾，步入洒满阳光的康庄大道。

在紧邻西太平洋的一个小村子里，由于地处荒漠地带，使这里常年看不到绿色，没有一点生机。人们只能依靠政府从远处运载食物和用品度日。

有一年，加拿大一位名叫罗伯特的物理学家在进行环球考察时经过这里。他在村子里住了几天后发现一个奇特的现象：除了村子里的人，他没有发现多

少生命迹象，只有蜘蛛四处繁衍，生活得很好。

对于这一重大发现，罗伯特极为感兴趣，他好奇为什么只有蜘蛛能在如此干旱的环境里生存下来。于是，罗伯特把目光锁定在蜘蛛网上。他借助电子显微镜细心地观察后发现，这些蜘蛛网具有很强的亲水性，极易吸收雾气中的水分，而这些水分正是蜘蛛能在这里生生不息的源泉。

罗伯特开始在心里琢磨：蜘蛛尚能如此，为什么人类不能像蜘蛛织网那样截雾取水呢？

在当地政府的支持下，罗伯特研制出一种人造纤维网，选择当地雾气最浓的地段排成网阵。这样一来，空中的雾气就会被反复拦截，从而形成大量的水滴，这些水滴滴到网下的流槽里，就成了新的水源。

据测算，这种人造"蜘蛛网"平均每天可截水多达上万升，不但满足了当地居民的生活用水，而且还可以用来灌溉土地，使这片昔日荒凉的荒漠里展现出了勃勃生机。

也许100人来到这里，就会有99个不抱希望，然而罗伯特却在这种看似绝望的环境里发现了新的希望。实际上，在任何地方，任何事情上，都不存在真正的绝境，而之所以绝望，是人的心理在作祟。

所以说，不管面对何种境况，我们都不必把它看作毫无希望的绝境，而应该换一种思维，在其中寻找新的希望。如果说我们的生活是一望无际的大海，那么我们每个人便是大海上的一叶小"舟"。当海面风平浪静的时候，那么小舟就会轻松航行；如果海面掀起狂风巨浪，那么小舟就要经受一番考验。

人同此理。在我们遭遇骤然侵袭大脑的无名火气时，或者遭受某种失意和彷徨时，只要我们心怀希望，早晚会找到新的出路。

1952 年 7 月 4 日的清晨，美国加利福尼亚海岸笼罩在一片浓雾之中。

在海岸以西 21 英里的卡塔林纳岛上，有一位 34 岁的妇女跃入了太平洋的海水中，开始朝着加州海岸径直游去。

这次游渡如果成功的话，这位 34 岁的妇女就将成为世界上第一个游过这个海峡的女性。这位妇女叫作弗罗伦丝·查德威克。在这之前，她就已经是游过英吉利海峡的第一位女性。

那天早晨，海水冰凉，冻得弗罗伦丝·查德威克全身发麻。更糟糕的是，海面上雾气很大，大到连一直在她附近护送她的轮船，她几乎都看不到。

时间一个小时又一个小时地过去了，全国有千千万万人在电视上关注着弗罗伦丝·查德威克的这一壮举。观众们都想看看这位 34 岁的妇女是否能成功游过海峡。

有好几次，鲨鱼靠近了弗罗伦丝·查德威克，都被护送的人开枪吓跑了。然而，弗罗伦丝·查德威克却没有被鲨鱼吓跑，她仍然坚定地向目标前进着。

15 个小时之后，弗罗伦丝·查德威克又累又冷，游得越来越吃力。这时，在另一艘船上的母亲和教练都告诉她离海岸已经很近了，鼓励她一定不要放弃。但是弗罗伦丝·查德威克朝加州海岸望去，除了一片浓雾什么也看不到，不禁心灰意冷。

几十分钟后，也就是从她出发算起的第 15 个小时 55 分钟之后，弗罗伦丝·查德威克的体力已经完全透支，她清楚自己已经没有力气再游了，于是就叫人将她拉上了船，至此，游渡以失败告终。

又过了几个小时，弗罗伦丝·查德威克渐渐觉得身上暖和起来，失败的打击却让她心里非常不是滋味。她不假思索地对采访她的记者说："说老实话，我不是在为自己找借口。如果当时我能看见陆地，心里有一线希望，也许我就能坚持游到岸。"

弗罗伦丝·查德威克的话完全有理由让人们相信，因为人们拉她上船的地点距离加州海岸仅仅只有半英里！

弗罗伦丝·查德威克一生中的游渡经历就只有这么一次没有坚持到底。两个月之后，她再次出击，终于成功地游过这个海峡。

弗罗伦丝·查德威克第一次横渡卡塔林娜海峡失败的原因，是因为她在浓雾中看不到目的地，内心没有希望，于是在离胜利只有半英里的时候放弃了。正如她自己所说："如果不是浓雾，如果我能看到岸边的话，我肯定能游下去。"

由此可见，希望是促使人奋勇向前、燃起人前进动力的源泉。有了希望，我们也就成功了一半。

人生就是这样，只要心存希望，那些来自外界的不幸不管多么沉重，也不管多么巨大，总会有一条路在我们脚下延伸开来。这个世界上，从来没有什么真正的"绝境"，一切都是相对的。所以，不管摆在我们面前的是怎样的境遇和状况，我们都不要忘了给自己一个希望，只要坚定了这个信念，我们就一定会找到新的出口，也就一定会战胜那些看似难以跨越的困境。

04. 人生只有一种失败，那就是半途而废

生活中，很多人都在重复别人的老路，也总是轻言放弃。其实，只要坚持自己认定的正确道路，坚定地走下去，那么我们的人生就会迎来另一片天空。

一个半世纪以前，有一艘英国商船触礁沉没于马六甲海域，这艘从广州驶

出的船上装满了中国的丝绸、瓷器及珍宝。

十多年前，一位名叫鲍尔的人偶然从某份资料上获此信息，于是下决心打捞这艘沉船。他在深深的海底摸索了漫长的 8 年，探索了近 70 多平方公里的海域，终于找到了这艘沉船。

然而，打捞的耗资是巨大的。打捞工作刚开始 30 天，就花去了几万元。鲍尔的两位最初的合伙人认为无望，便离去了，其中有一位好友，几次加入又几次离去，并一次次地劝说鲍尔放弃这"疯狂"的念头。

后来，鲍尔对采访他的记者说，曾经自己也有过放弃的念头，每次精疲力竭地从海底潜回时，他都想永远不再下去了。8 年来，他为此耗尽巨资而债台高筑。但是，他终于坚持到了成功的这一天。

无数的事实证明，只要我们坚定追求的目标，那么成功的时刻总会出现在眼前。

但是，有些人往往喜欢走捷径，走不通就会快速地换一条路，结果换来换去，几十年都没能走完其中的任何一条路。忙忙碌碌了一生，到头来还在路上。中国古代有个"愚公移山"的故事，他是英雄，他和他的儿孙们搬走了一整座大山；西方的贝多芬也是英雄，他坚信耳聋也能享受美妙的音乐，为此成了一代音乐大师。这些人都是选定了自己的路，然后坚定地走下去，并没有因为遇到困难就想换另外一条路。

其实，我们在面对困难时，也可以像这些人一样，坚定地走自己的道路。这样，成功和喜悦一定会属于我们！

是的，很多时候我们在面对困难时，只要再坚持那么一点点就能取得成功。但是就是差这么一步，结果却截然不同。生活中的那些失败者，很多都会停滞在离成功还有一点点距离的地方，可是那个地方仍然叫作失败。

因此，我们要在任何情况下都不放弃，要在任何情况下都有一股不达目的决不罢休的韧劲。只有坚定地走自己的路，只有耐得住寂寞、耐得住打击，我们才能炫出精彩的人生。

相信自己的选择，坚持走自己的路，不要半途而废，这就是人生的一种境界。

美国有一位著名的广播员——莎莉·拉菲尔。在她30年的职业生涯中，曾经被辞退过18次，不过她每次都把眼光放在最高处，确立更远大的目标，坚持不懈地走自己所选择的路。

最初，美国多数的无线电台认为女性不能够吸引观众，于是没有一家电台愿意雇用她。之后，莎莉·拉菲尔好不容易在纽约的一家电台谋求到一份差事，不久又遭到辞退，说她跟不上时代。莎莉并没有因此而灰心丧气。她总结了失败的教训之后，又向国家广播公司电台推销她的清谈节目构想。电台勉强答应了下来，但提出要她先在政治台主持节目。莎莉·拉菲尔不懂政治，曾一度犹豫，但最后信心促使她大胆去尝试。

由于她对广播早已轻车熟路了，于是就利用自己的长处和平易近人的作风，谈论即将到来的7月4日国庆节对她自己有何种意义，还请听众打电话来畅谈他们的感受。这种新颖的节目，即刻引起了听众的兴趣，她也因此一举成名。如今，莎莉·拉菲尔已经成为自办电视节目的主持人，曾两度获得重要的主持人奖项。她对采访的记者这样说："我被人辞退18次，本来会被这些厄运吓退，做不成我想做的事情。相反，我却把它们视为鞭策我前进的动力。"

选择一条路很容易，但是要坚持在这条路上走到底，就不是一件容易的事了。假如你向目标迈出了999步，但最终没有坚持着迈出最后一步，那么你依然是一个失败者。要知道，目的地只有一个，再近的点也不是终点，如果在距离终点很近的地方停下来，那会是多么可悲的一件事！

因此，只要我们不放弃，随时补充自己的不足，坚持不懈，未来的机会绝对是属于我们的。一件事，只要经过了深思熟虑，那就要保持不屈不挠的精神坚持到底。"经得几番寒彻骨，才得梅花扑鼻香"。相信，坚持就一定有成功的机会！

05.　坚持一下，成功就在下一秒

人们常说："再坚持一下，成功与失败就在于能不能挺住这一会儿。"然而，生活中坚持的姿态却并不壮观，因为它常常需要我们深深地弯下腰。于是，我们在坚持的时候，就不可能气宇轩昂，不可能放眼四海，也不可能慷慨陈词，只能以一副艰难的样子，踽踽独行。

但是，每一个成功的人都有这样的认识，获取成功并不是一件简单的事情，它需要不断地付出艰辛和努力。只要能够坚持，只要不屈不挠，那就必能采摘到胜利的果实。

西方的剧作家、诗人、思想家歌德曾经这样说过："只有两条路可以通往远大的目标及完成伟大的事业，那就是力量与坚韧。力量只属于少数得天独厚的人；但是苦修的坚韧，却艰涩而持续，能为最微小的我们所用，达到前方的目标。"

这就像下面这位耗时 20 年培育出白色金盏花的老妇人，她因为源源不断地付出心血，最终得到了金贵的花儿。

这一天，美国一个园艺所贴出征求纯白金盏花的启事，高额的奖金让许多人趋之若鹜。但是，20年过去了，因为培植的难度，没有一个人培植出白色的金盏花。

　　一天，园艺所意外地收到一封热情的应征信和一粒纯白金盏花的种子。寄种子的是一位年逾古稀的老妇人，她是一个地地道道的爱花人。20年前，当她看到启事的时候便怦然心动，于是，她撒下了一些最普通的种子，精心侍弄。

　　一年之后，金盏花开了，她从那些金色的、棕色的花中挑选了一朵颜色最淡的，任其自然枯萎，以取得最好的种子。次年，她又把它们种下去。然后，再从这些花中挑选出颜色最淡的花的种子栽种。日复一日，年复一年，春种秋收，周而复始，老人的丈夫去世了，儿女远走了，生活中发生了很多的事，但唯有种出白色金盏花的愿望在她的心中根深蒂固。

　　终于在20年后的一天，她在那片花园中看到一朵金盏花，它不是近乎白色，也并非类似白色，而是如银如雪的白。于是，一个连专家都解决不了的问题，在一个不懂遗传学的老人长期的努力下，最终迎刃而解。

　　那么普通的一粒种子，或许谁的手都捧过，但是只因为少了一份以心为圃、以血为泉的培植与浇灌，才让自己错过了最美丽的花期。因此，坚持是一种耐心，是一种矢志不渝的追求。只要坚持下去，那么即使一粒最普通的种子，也能焕发出奇迹。

　　"愚公锄镐移山，终得天帝相助；达摩静坐参禅，石壁为之感化。"虽然这样的坚持不是每个人都能做到的，但是毕竟只有坚持者才会得到如此的礼遇。

　　我们的历史也正如大浪淘沙：刘禹锡因为坚持，历经了"二十三年弃置身"的悲苦后，终于修炼成"出淤泥而不染"的清莲；苏子瞻因为坚持，身陷

"乌台诗案"而坚持写出"老夫聊发少年狂"的诗情；柳永因为坚持，全然不顾衣带渐宽，而流下了千古名句。是的，正是因为坚持，才使得曹雪芹举家食粥却写出了不朽的《红楼梦》；因为坚持，欧阳修年幼丧父而笃学成材；因为坚持，匡衡家境贫寒而坚持凿壁借光，终成大家。没错，是坚持，只有坚持才能做到这一切。历史上的圣贤们正是用亲身的经历向我们诉说着这样一个真理：通向成功的必不可少的条件，就是坚持。

生活中，很多人为了实现预定的目标，往往容易心浮气躁、迫不及待。实际上，这只不过是一种对待生活的轻浮与慌乱而已。"滴水不求朝夕之效，故能坚持到穿石的日子。"当水穿石之后，它依然能够保持平心静气，保持着自己的步伐，这是什么精神？就是一种恒久的忍耐和坚持。

爱迪生在研制白炽灯时，尝试了上千种材料，但是均以失败告终。有人嘲笑他说："你永远不会成功。"爱迪生不为所动，沉下心来，坚持不懈、废寝忘食地进行研究。终于，他成功研制出了世界上第一枚电灯，给自然界带来了光明。

在爱迪生的发明中，遇到困难最多、耗费时间最长的要算是蓄电池了。他一共花了15年的时间才研制成功，在这个试验中共失败了50000多次。当所有人都灰心丧气时，他却乐观地说："我想，'自然'并不是无情的，它一定不会永远深藏着蓄电池的秘密。"终于，他成功了！他的蓄电池被用在火车、轮船上，成为发电厂的电力，甚至直到今天人们还在使用这种蓄电池。

蓄电池之所以能够成功，就在于爱迪生能够坚持。他一生坚持研究，创造了一系列使后人受益匪浅的发明。他的名字熠熠生辉地烙印在史册上，经岁月磨洗而不褪色，盛名流传至今。

能够像爱迪生这样坚持到底是件极不容易的事，鲁迅先生在文章里就非常称赞最后一名但仍然坚持跑到终点的人。这样的人虽然在赛程中不会被荣誉的光辉所笼罩，但却最能鼓舞我们这些虽然平凡但拒绝平庸的人。其实，如果我们能始终坚持一种平淡无奇的生活，这本身也是一种奇迹。

我们常说："锲而舍之，朽木不折；锲而不舍，金石可镂。"河蚌因为忍受了沙粒的磨砺，最终孕育出了绝美的珍珠；铁剑因为忍受了烈火的赤炼，终于炼就成了锋利的宝剑。因此，任何的豪言壮语都是飘浮于空中的云雾，只有坚持才是唯一踏入成功的基石。

06. 黑暗中，带着希望上路

太阳东升西落，于是就有了一天的昼和夜。昼夜交替，顺逆相依，这本是自然运转的规律。问题是很多人身处黑夜时，却被眼前的困境所蒙蔽，太早地悲观失望，太早地放弃希望，动摇了，退缩了，结果倒下去起不来了。

曾经听过这样一个故事。

甲乙两个旅行者结伴穿越沙漠，走至半途，忽遇一场沙尘暴，他们的食物和水都被卷走了。沙漠上没有水是致命的，甲悲观极了，他似乎看到了死神正在向他招手。然而，乙则在想该如何存活下去，最终他决定去寻找水源，他递给甲一支手枪，让他每隔一个小时鸣枪一次，自己好根据枪声辨别方向。

乙步履蹒跚地找水去了。甲看到茫茫的沙漠里空无一人，他只能听到自己的心跳声。这样的安静真可怕，他的心不禁浮躁了，开始胡思乱想起来："乙能找到水吗？他会不会走到半路也躺下了，又或者他是不是丢下我独自离去了呢？……"这样想着的时候，甲仿佛真的看到乙倒在了沙漠中，再也起不来了。一会儿，他的脑海中又出现了乙走出沙漠，与家人团聚的欢乐场面，他的心中更加绝望了，甚至忘记了乙嘱咐的话。夜幕降临时，乙还没有回来，甲彻底崩溃了，于是用手枪了结了自己。

枪响后不久，乙提着满壶清水蹒跚地赶来，却只找到了甲温热的尸体。

故事中的甲是被沙漠的恶劣环境所吞没的吗？是被同伴乙置之不顾了吗？不是！他是被自己打败的。可见，身处黑夜并不可怕，可怕的是因为黑暗的侵袭而放弃希望。当一个人沉浸在黑暗中时，如果他不抬头寻找希望，而是自暴自弃，丧失了斗志，那么他就被彻底地击败了。

所以，在黑暗中我们要学会不悲观、不绝望，学会自救，带着希望上路。

与其在黑暗中怨天尤人，还不如想办法寻找希望的光，脱离眼前的困境。希望的光虽然薄弱，但是仔细寻找也一定能够找到。有了希望，那么还有什么是不可能的呢？

你看过电影《肖申克的救赎》吗？这是一部关于希望的经典之作。在这部电影当中，主角安迪说过这样一句话："怯懦，囚禁人的灵魂；希望，才可感受自由。"也就是说，希望与绝望，其实只在自己的一念之间。选择希望，即便遇到再深的黑暗，你也能拨开乌云，迎来黎明。

让我们来看看安迪的故事吧。

安迪是一位令人仰慕的银行家，然而他的生活却并不顺心，他的妻子背叛了他，有了婚外情。后来，他的妻子与情夫被人枪杀了，安迪受冤入狱，到了肖申克监狱,他被判为无期徒刑。监狱是黑暗的，安迪是冤枉的，但没人理会。难道要在此度过余生？不能，不能，安迪始终相信人生的希望，他决定修改自己的人生。

监狱中的囚犯们都过着没有明天的日子，在里面待得最久的犯人瑞德还说："在监狱里，别想希望，那会让你痛苦的。"但安迪却一直没有放弃对希望和自由的向往，他在监狱里建起了图书馆，将自己的知识授予他人；他在监狱的播音室里，用扩音喇叭大声放着美妙的音乐，让狱友们享受常人的自由……与此同时，他还通过石锤凿出了一条逃生的通道，用了整整20年的时间，他最终脱离了肖申克监狱，重获自由。

当然，这是一部充满了艺术加工的电影，现实或许没有那么生动感人，然而来源于生活的灵感是不会错的。安迪的身体虽然被囚禁了，身在黑暗之中，但他没有像其他狱友一样沉浸在痛苦中碌碌无为，他的内心是自由的，他始终坚信希望，坚信自己会获得自由，最终他通过自救使人生得到救赎。

有一句话说："今天很残酷,，明天更残酷，后天很美好，但是绝大多数人死在明天晚上，因为在漫漫长夜里丧失了信心。"当身处黑暗的深渊时，不要把黑暗看得那么恐怖，学着抬头寻找黎明的曙光吧。只要你能战胜内心的恐惧和悲观，保持乐观，寻找希望，那么黎明就一定会到来！

07. 凡事多往好处想，事情就有转机

"怎么这样，完了，完了！"你的口头禅是不是这样?

生活中，很多人遇到不如意的事情时，总会习惯性地气急败坏，悲观绝望地认为自己"完了"，让自己的心里被悲观的思想萦绕。这样的做法最终会产生什么样的作用呢？大多数时候，只会让事情越变越糟糕，从而使自己真的"完了"。

任何事物都没有绝对的好坏之分，也不会对我们造成多么大的影响，因为一切的好坏都来源于我们对事物的看法。多数时候，事情的好与坏就在于我们应当相信什么，是以绝望还是希望的心态去看待。要知道，好事与坏事只存在于人的一念之间。

我们来看一个小故事：

由于公司近期经营不景气，要准备裁员了，Carl 和 James 都上了解雇名单，被通知一个月之后离职。两个人都在公司待了十多年了，之所以被裁，一是两人学历比较低，二是两人年纪较大。

在得知要被裁之后，Carl 心里绝望极了，逢人就大吐冤情："我完了，我在公司待了这么多年，居然不等我退休就把我开除了，我以后可怎么过啊！"他仿佛自己被人陷害了似的，对谁都没有好脸色，还把气发泄在工作上，敷衍了事。

相同遭遇的 James 也很难过，但他的态度和 Carl 截然不同。在工作上，James 的想法是："没事，现在我年纪大了，没工作了正好可以好好休息休息，既然只有一个月时间，那就好好珍惜吧。"于是，他更加认真负责地对待工作。而且为了给大家留个好印象，他还逢人就道别，大家反而比以前更喜欢他了。

一个月很快到了，Carl 工作做得很糟糕，如期离职；James 却被老板留了下来，还被提拔为助理。老板说："像 James 这样忠于职守、对工作认真负责的员工，正是公司需要的，也是我最欣赏的，我怎么舍得他离开呢？"

任何人的一生都不是一成不变的，有好事也有坏事。然而，那些消极的人则总是提早绝望，这就为接下来的失败埋下伏笔；而那些积极的人凡事都往好处想，结果使自己的人生变得绚丽多彩，也为成功做好了铺垫。

被誉为日本"经营之圣"的稻盛和夫曾说过："人生的道路都是由心来描绘的。所以，无论自己处于多么严酷的境遇之中，心头都不应被悲观的思想所萦绕。"

在现实生活中，我们应当凡事都往好处想。因为多往好处想，心便会豁然开朗，心胸也会变得豁达、宽大。心中只有保持一片朗朗的晴空，才能顺利地解决一切问题。

库莎是一个快乐的百岁老人，她经常对别人说："人的一生不可能事事如意，已经发生的事不可改变，你唯一能控制的就是你的想法。我可以肯定地告诉你，凡事多往好处想，任何事情都是好的。"

其中，一个人很诧异，问道：

"当您走路时突然掉进一个泥坑，弄了一身泥泞，您会认为是好事？"

"是的，幸亏掉进的是一个泥坑，而不是无底洞。"

"如果遭了车祸，撞折了一条腿呢？"

"大难不死必有后福，有什么不好呢？"

"假如您马上就要失去生命，您还会认为是好事吗？"

"当然，我高高兴兴地走完了人生之路，说不定要去参加另一个宴会呢。

……

就这样，库莎的世界里似乎永远没有"完了"的事情，事事都如意，她每一天都生活在快乐之中。当然，这份快乐使她成为朋友圈中最受欢迎的女人，尽管她不够美丽，而且早已满头白发、皱纹横生。

没错，世上有很多事都有利有弊，不过事情本身并无所谓好坏，这全在于我们怎么去看。相信，只有常怀着希望，凡事多往好处想，才会发现我们所认为的坏事远远没有想象的那么糟糕，再不幸的生活也有艳阳天。

记得俄国作家契诃夫写过《生活是美好的》这篇文章，在里面有这样一段文字："要是火柴在你的衣袋里燃烧起来了，那你应当高兴，而且要感谢上苍，多亏你的衣袋不是火药库。要是有穷亲戚到别墅来找你，那你不要脸色发白，而要喜洋洋地叫道：挺好，幸亏来的不是警察……"

契诃夫说得很对，细想一想，你是不是觉得生活有所转变呢？

遇到事情，我们与其绝望悲哀、愁苦自怨，倒不如换个角度，换个思维，凡事多往好处想，那么心情自然也就会跟着转变。如此，我们不仅可以将不幸所造成的损失降到最低，还有可能影响事物发展的方向，改变自己的不利处境。

因此，在生活中，我们也不妨一试。比如，当年过半百的我们坐公交车时没有人让座，那么我们不必感到生气、失望，可以这样想："哦，这说明我还没有老，我看起来还那么年轻嘛。"于是，我们的心里又乐呵呵的，仿佛一下子年轻了许多！

再比如，我们目前失去了工作或事业，也没有必要悲观失望，不妨想想失业所带来的清闲的好处。我们可以不用再去关心工作上的烦恼和琐事，可以有更多的时间陪伴家人，也可以留更多的时间做自己喜欢做的事情。

但是，凡事多往好处想，并不是提倡盲目乐观，而是要以一种豁达乐观、相信自己的人生态度去面对一切困难。相信，只要你能抱有这样的心态，那么往往能把握住命运的主动权，美好的明天也会向你微笑。

08. 面对困难，勇于挑战

科学家研究证明：一个人处于危险境地时，身体便会分泌大量的肾上腺素，这可以让人在短时间内跑得更快、跳得更高、力量更强。这正如军事家孙武曾说的那句"置之死地而后生"，这句话被历代兵家奉为军事秘诀。

没错，正是因为这句话，李靖才能横扫吐谷浑，纳尔逊才能大败无敌舰队，英勇的志愿军战士才能在上甘岭顶住了数倍于己的美军强攻。诚然，在如今和平的环境下，固然不需要我们奋力杀敌，但是当命运赋予我们无法承受的委屈和苦楚时，没有退路可退，或许能让我们更有力量去开拓新的生活。

我们来看看凯撒大帝的故事。

凯撒大帝并非出生于帝王之家，并且还因血统等关系一直受到排挤。直到当权者死去，他才得到立足和发展的机会。

后来，老祭司长死去后，凯撒大帝欲参加祭司长的选举。这场选举的凶险是任何人都心知肚明的，成则高高在上，败则尸骨无存。为了当上祭司长，凯撒大帝决心背水一战。

在他去参加祭司长选举的当天，母亲含泪把他送到了门口。他亲吻了母亲一下，然后说了句："母亲，今天你要么看到你的儿子成为祭司长，要么就看到他被流放。"

凯撒大帝的气势让所有的竞争对手都后退三尺，一代英雄伟大的人生旅程就此开始。

我们对于英雄，除了惊叹他们所创造的伟大功绩外，还常常为他们在建功立业时所表现出的豪迈气概所震动。古今中外的成大事者，在他们的身上，我们都可以找到这种将自己置身于悬崖之上而不留后路的精神。从某种意义上说，这也是我们给自己一个朝着生命高地冲锋的机会，是给自己一个成为强者的机会。

但是，在生活中，很多时候我们都被一些后路牵绊住了双脚。在留恋和唏嘘中一味地寻找过去的踪迹，从而迷住了双眼，看不清别人，得过且过。因此，要想活出精彩，活出自己的一番天地，就不要顾此失彼。哪怕是孤注一掷，切断自己的后路，也要让自己的目的更加纯粹，更加淋漓。

被传为佳话的"破釜沉舟"的故事就足以说明这个道理。

秦国末年，秦军30万人马包围了赵国的巨鹿，赵王连夜向楚怀王求救。楚怀王派宋义为上将军、项羽为次将军，率领20万军队去援救赵国。然而宋义本是个胆小如鼠的人，听说秦军势力强大，又反观自己兵力悬殊，走到半路就胆怯了，迟迟驻扎不肯前行。当时军中补给不够，士兵只好把蔬菜和杂豆煮熟当饭吃，而宋义却大摆宴会，酒肉成席。同时，为了堵住项羽的嘴，下了一道指令：有谁敢违背我的指令，力斩不赦。

项羽一身豪气，如此退缩之气怎能下咽！某天早晨，他全副武装，大步跨进宋义军帐，再次要求立即出兵救赵。宋义大发脾气地喊道："我的军令已下，难道你要以头试令吗？"

项羽大吼一声："我要借头发令！"说罢一剑斩下他的脑袋。将士们听说宋义被杀，都立刻表示愿意服从项羽的指挥，并拥立项羽代理上将军一职。一朝权在手，便把令来行。项羽先派出一支部队切断了秦军运粮的通道，自己则率领主力渡过漳河，解救巨鹿。

待楚军全部渡过漳河以后，项羽让士兵们饱餐了一顿，并让每人带足三天的口粮，然后又下令砸碎全部行军做饭的锅灶。将士们都愣了，项羽说："没有锅，我们可以轻装前进，立即挽救危在旦夕的赵国！至于吃饭，就让我们到章邯军营中取锅做饭吧！"后命令士兵把渡船全都砸沉，同时烧掉所有的行军帐篷。战士们一看没有了退路，便明白这场仗如果打不赢，就谁也活不成了。由此，士气大增，全军上下都抱着一定要夺取胜利的决心。

项羽指挥楚军很快包围了王离的军队，同秦军展开了九次激烈的战斗。渡河的楚军无不以一当十，以十当百，个个如下山猛虎，奋勇拼杀。沙场之上，烟尘蔽日，杀声震天。楚军将士越斗越猛，直杀得山摇地动，血流成河。经过多次交锋，楚军终于以少胜多，把秦军打得大败，杀死了秦将苏角，俘虏了王离，章邯也被迫带着残兵败将急忙后退。这一仗不但解了巨鹿之围，而且也奠定了项羽在军中的统帅地位。

很多时候，当我们遇到困难时，把后路掐断就是对于困难的另一种决绝的积极。生命正是如此，我们对生活的态度越积极，对人生的挑战越勇敢，那么就越能找到自己最佳的心态和定位。

每个人都是有潜力的，而每个人的潜力都是有弹性的。因此，我们只要勇于挑战，就能产生超乎寻常的力量。背水一战、破釜沉舟，这就是不断给自己加码，不断让自己与自己竞争。

正所谓"狭路相逢勇者胜"，在面对困难、面对对手时，敢于拼搏，勇于奋斗，就一定能够取得胜利，创造出新的成绩。虽然拼搏会伴随着一次次的失败和痛苦，但是真正的强者会从失败和痛苦中汲取力量，然后再次向新的高度发起冲锋。

一个人去沙漠旅行，一不小心迷失了方向。这个人饥渴难耐，正当快要撑不下去的时候，突然发现前方有一幢废弃的小屋，屋子里还有一台抽水机。

这个人兴奋地上前汲水，可是怎么也抽不出水来。这时，他看到抽水机旁有一个装满水的瓶子，在瓶子上贴了一张纸条，上面写着：必须把水灌入抽水机，才能饮水！不要忘了，走的时候，请将水再次装满！这个人迟疑了，心想：如果能抽出水当然好，但要是没有抽出来，这瓶宝贵的水岂不是要白白浪费了？这座房屋这么久没有人到来，不知道这里的情况是否有改变，如果自己将瓶中的水喝了，还能暂时解决一下饥渴。

思虑很久，这个人最终还是决定把水倒进抽水机里。因为他明白，即使带着这瓶水还是无法走出沙漠，倒不如把水倒进里面，说不定还能获得新生。不一会儿，抽水机里流出了清冽的井水。这个人不仅喝了个够，还把瓶子重新装满水。之后，他带足了水，终于走出了沙漠。

后来，又有一个旅行者迷失在这片沙漠里。正当他没了力气也没有水时，突然也发现了这座小屋。如先前那个人一样，他也找到了抽水机和一瓶水。这个人心想：这片沙漠半点人影都没有，谁知道这张纸条是什么时候贴上去的，如果是假的，那我不就一点水都没有了吗？他思考很久，最终给自己留了一个所谓的"后路"，带着那一瓶水盲目地在沙漠里乱转。最终，没能走出沙漠。

我们在面临决策的时候，也都会有迟疑的心理，但是我们不能光想着要解决一时之需，还要大胆地掐断所谓的后路，奋力一搏。生活中，有些人没有胆量做出断绝后路的行为，最后虽然可以得到一些小的利益，但却失去了得到更多收获的可能；而有些人因为勇于面对生活的挑战，在进行一番考虑之后，总是大胆地进行抉择。因此，生活回报给他们的，往往是一个崭新的未来。

人生是公平的，有得必有失，任何人不会总是获得而没有失去，同样任何人也不会总是失去而没有获得。对于生活中的得失，只要我们能够以从容、客观、全面的态度看待，我们人生的旅途就能坦荡和顺利地走下去。

09.　硬拼不行，不妨侧面迂回

在夺取冠军、获得成功的道路上，有无数的坎坷与障碍需要我们去跨越、去征服。在坎坷面前往往有两种人，一种是就此止步，另一种就是坚持不懈。挫折面前需要坚持，但是怎么坚持也是一门艺术。有的时候硬拼只能换得头破血流，所以在难以跨越的困境面前，不如换个方向，放弃眼前的，不跟对方硬拼，反而从另一个侧面入手，全面增强自身实力，在人格、知识、智慧、实力上让自己加倍地成长，变得更加成熟、强大，以己之强攻敌之弱，使问题迎刃而解。

《孙子兵法》中有言："先知迂直之计者胜。"曲中有直，直中有曲，这是辩证法的真谛。山谷凹陷，进而起伏出峰顶；困难打击，进而磨砺出胜利。退一步，进两步，沿着螺旋式的轨迹上升，步子才稳健。

诚然，两点之间直线最短，但在有些情况下，近，成了真正的远；远，却变为实际的近。不要畏惧人生的挫败，只要坚持一下，一定会有转机。所谓船到桥头自然直，只要坚持，一定可以找到迂回的路径。不要被眼前的困难打倒，学会在迂直问题上转换角度，你也能够找到出口。学会坚持，才能有选择的机会，才能成为自己的冠军。

一位搏击高手在参加一次锦标赛前信心满满，自以为胜券在握，一定可以夺得冠军。但没想到的是，就在最后的决赛中杀出了个程咬金，搏击高手竟然怎么也找不到对方招式中的破绽，而对方的攻击却往往能够突破自己防守中的漏洞，有的放矢地攻击到他。

比赛的结果可想而知，这个搏击高手惨败在对方手下，与冠军的奖杯无缘。

赛后，搏击高手愤愤不平地找到自己的师父，一招一式地将对方的招式演练，请求师父助他一臂之力，找出对方招式中的破绽，并据此想出破敌之策。

面对弟子的硬拼硬打，师父笑而不语，只在地上画了一道线，要弟子在不能擦掉这道线的情况下设法让其变短。

搏击高手顿时有些丈二和尚摸不着头脑，他千思万想，也没有找到让地上这条线变短的办法。最后，他无可奈何地放弃了，转向师父请教。

这时，师父在原先那道线的旁边又画了一道更长的线。两者相比较，原先的那道线看上去自然就变短了许多。

师父开口道："夺得冠军的关键，不仅仅在于如何攻击对方的弱点，正如地上的长短线一样，如果你不能在要求的情况下使这条线变短，就要懂得放弃在这条线上做文章，从另一个侧面迂回，寻找另一条更长的线。也就是说，你需要苦练的，不是直来直去地和对方硬拼，而是怎样使自己更强。"

一番话后，徒弟恍然大悟。师父拍拍他的肩膀，笑着说："搏击要用脑，要学会选择，攻其弱点。同时要学会放弃，不跟对方硬拼，以己之强攻彼之弱，你就能夺取冠军。"

的确，在碰到难题强攻不下时，我们不要总是被困难蒙蔽双眼，止步不前，我们还有机会，想着如何正面、直接地克服障碍、解决问题才是良策。而在难题面前，放弃眼前看似直线式的前进，迂回思维，让思维过程适应某些问题及问题的某些发展阶段的实际情况与需要，在一定时间内暂时转入一个曲折蜿蜒、绕道前行的角度，也不失为一个明智的选择。这也许在一时间看似是舍近求远，但从长远观之，实在是舍小顾大。

只知道直来直去，不懂得侧面迂回的人，往往都会碰得头破血流；即使最终强取而得，也耗费了超出常规几倍的资源。我们不妨转换思维方法，充分认识当前局势，分析对比，审时度势。直走不通，便放弃眼前似乎唾手可得的近道，迂回而行，最终大都能迈出困境，取得成功。蒙元攻宋几十年，所采用的迂回战术被后世军事家称为"大迂回战略"，对后世的军事战争起着至关重要的影响。

早在公元 1216 年，成吉思汗就曾召见汉族降将郭宝玉，询问攻取中原、一统天下之策。郭答曰："中原势大，不可忽也。西南诸藩，勇悍可用，宜先取之，借以图金，必得志焉。"

郭氏这番论述对"一代天骄"果真有所启示。于是，成吉思汗在临终之前，便以超人的胆识和气魄，提出了利用南宋与金之间的世仇，借道宋境，实施战略大迂回，从而一举灭金灭宋的战略决策。

后蒙古攻打南宋，受阻襄阳，于是经青海，下金沙江，攻吐蕃，灭大理，经云南，出湖南，迂回万里，历时数年，声势及消耗都可谓空前。最终由成吉思汗之子窝阔台、拖雷等完成。

根据成吉思汗的战略思想，后世军事专家总结出：大迂回，就是进攻部队避开敌方整个防御体系，向敌之侧翼或后方实施远距离机动而形成合围态势的作战行动，是战略追击的最高阶段。这一思想被世界公认。瑞士军事家若米尼就曾指出，一些伟大军事统帅，在战争中取得胜利的秘密就在于善于"集中他的主力，迂回攻击敌人的一翼"。他确信，如果在战略上采用这一原则，那么就发现了全部战争科学的钥匙。

诚然，迂回是智者所为，但是我们不能忘了一个前提，就是坚持。如果遇事只知放弃，没有后续的行动，那么一切良方也都无用武之地。趋利避害是人的一种本能，但越挫越勇也是人们应该要学会的精神。人生是一条漫长的道路，同时也非坦途，坎坷常在，没有坚持，那么一切都是枉然。

可是有些人遇到了难以克服的障碍，思考如何解决某个问题时，总是容易下意识地只从眼下去观察和分析，从而使眼光局限在事物的纵深面。这样做虽然够勇敢，但不一定是最好的办法。"迂回思维"告诉我们：在紧盯矛盾"纵面"的同时，也要重视与思维对象相关的侧面或间接信息的注意与感知。培养高屋建瓴的大局意识，就能够勇于舍弃既得的"近处"，有意识地走一条曲折的 Z 字形道路，以求避开或者绕过障碍。这种"四两拨千斤"的轻巧，既降低了解决问题的难度，又减少了为之付出的代价，不能不说是"舍小成大"的典型。

第五辑

给冷漠多一点理解：

承受别人的瞧不起，才能赢回别人的笑脸

这个世界不缺乏温暖，但偶尔也会被冷漠充斥。如果有人对你表露出瞧不起、轻视等冷漠态度时，只要你觉得自己并无过错，就无须为此感到愤怒或羞愧。你要做的就是强大内心，壮大实力，将那些羞辱当作激励你前进的动力。当然，不是所有冷漠都是恶意的。当别人对我们冷漠时，我们要给予理解，争取用热情将别人的冷漠融化。

01.　强大内心，不被别人的态度所束缚

　　害怕被人瞧不起是不少人的通病，他们总觉得这个社会太现实，一点小小的缺点都会被无限放大，觉得社会上的人越来越冷漠，看到不如自己的或者不入流的便会冷嘲热讽。

　　当你觉得自己受到他人的轻视或冷漠对待时，想一想，是不是自己太敏感、太自卑了，又或者太在意别人对自己的看法了？太在意别人对你的态度和评论，一味地想要在别人心中留下一个完美无缺的样子，到最后只能让自己越来越找不到自我。

　　试想，当我们摔跤后，如果首先想到的是别人的看法，而不是自己的疼痛，那是不是活得太累了？当我们工作出了纰漏被上司批评时，如果最先考虑的是同事们是否会嘲笑自己，而不是积极改正错误，那我们是不是很难真正进步？当我们从一个名不见经传的大学毕业，如果想的最多的是别人会不会看不起我们的出身，而不是我们的实力能不能应付工作，那我们又怎能找到真正赏识自己的公司？

　　我们不是圣人，不能让所有人都看得起。与其被别人的态度束缚住，不如释然一点，做一个为自己而活的人。

　　玛丽是拿破仑的妻子，本应风光无限，但她并不快乐，因为她个子不高，只比拿破仑高半米；身材不够好，体重是玛丽莲·梦露的两倍，最让她难过的

是，她长得不漂亮，和其他贵妇人站在一起，简直暗淡无光。为此，她总感到有人在嘲笑她。

后来，她跑去美容院整容，但美容师很肯定地告诉她，再怎么做，也不可能把她的脸变成杰作。这让玛丽心里装满了羞辱和难堪，以至于她不敢去公众场合，害怕别人将目光聚集在她身上，害怕别人对她指指点点。

心情郁闷的某一天，玛丽一个人去广场散步。在那里，她看到了一个矮小而肥胖的老女人。尽管外表让人不敢恭维，但这位老女人看起来非常高贵，脸上擦着厚厚的粉脂，嘴唇上抹着鲜红的唇膏，全身都是名牌装扮，佩戴着粉红色蝴蝶结的晚礼服，高高的白色的帽子，黑色的长筒手套，手里还拿着一根尖头手杖。

因为身体过于肥胖，这只手杖要支撑很大的重量。突然，手杖尖头深深地戳进了地面夹缝中，那老女人便用力地往外拔，因为用力过猛，她的身体失去了重心，整个人趔趄地跌倒在地上，样子看起来很是狼狈。

玛丽不禁有些同情，这个人在大庭广众之下出了这么大一个丑，心情一定很沮丧。又想，尽管她穿着一身华丽的衣服，但却没给人留下风度翩翩的好印象，所以这是个让人瞧不起的失败者。

就在玛丽以为这个老女人会掩着脸躲避众人嘲笑的目光时，老女人却缓缓地站了起来，还对向她报以同情目光的玛丽笑了笑，说："瞧我不小心的，摔了个大跟头。"说完，还冲玛丽做了个鬼脸。

看着老女人缓慢起身，优雅离开的背影，玛丽感到十分惊奇，她想不通为什么她没有表现出应有的愤怒和沮丧。回去的路上，她突然意识到：没有人一直注意到你的所作所为，也没有人会无缘无故瞧不起你，很多感觉其实都是自己的心理在作祟。

从这以后，玛丽开始调整自己的心态，她不再过多地考虑别人对自己的看法，不会因为别人的嘲笑或轻视而闷闷不乐。渐渐地，她活得越来越轻松，越来越快乐。她彻底想明白了：只有学会释然，让内心变强大，才能不受到流言蜚语的伤害，才能活得幸福。

不管自己是不是真的不够好，都不要太过在意别人的看法。退一步说，就算我们真的被人瞧不起那又怎么样？如果别人是因为我们不够努力而瞧不起我们，那么我们就克服懒惰，勤奋起来；如果别人是因为我们工作做得不好而嘲笑我们，那么我们就多向前辈学习，争取把工作越做越精通；如果别人是因为相貌或出身瞧不起我们，那我们就无须自惭形秽，我们可以用出色的成绩来淡化自己的不足，用真正的实力让别人心服口服。

培根说："欣赏者心中有朝霞、露珠和常年盛开的花朵，漠视者冰结心城、四海枯竭、丛山荒芜。"就是劝诫我们，不要太计较别人是否冷漠，只要你以一个欣赏者的眼光看待事物，那么你的身边便处处是美景，你将会一直生活在温暖之中。

法国作家大仲马说："人生是用一串串无数的小烦恼组成的念珠，乐观的人是笑着数完这串念珠的。"如果别人的冷漠和轻视成为你心头一串串的小烦恼，与其自怨自艾、徒增烦恼，何不微笑着将它数完？

02. 壮大实力，把辱没当成一种力量

当尊严被人践踏、能力被人质疑时，有人会因此一蹶不振，认为自己永远不可能再有出头之日。但也有人会把辱没当成一种力量，激励自己不断奋发向上，用出色的成绩向辱没的人证明，自己不是一个弱者。

在漫长的生命中，任何人的未来都有无限可能，没有谁有资格去给另外一个活着的人盖棺定论。有这样一个故事。

美国大学生库帕是一名无线电爱好者。他在毕业后，一直找不到工作，就在快要没钱吃饭时，他选择了去乔治的公司面试。乔治是一名资深的无线电从业人员，如果能接纳库帕，库帕势必会学到许多无线电的知识，并且能够摆脱眼前的困境。

当库帕怀着兴奋又忐忑的心情敲开乔治办公室的门时，他正在专心研究无线电话，也就是我们现在使用的手机。库帕礼貌地向心中的偶像介绍自己："尊敬的乔治先生，我极其想成为您公司的一员，如能您能让我留在您的身边做助理，我将万分荣幸……"

库帕的话还没讲完，便被乔治粗暴地打断，乔治用不屑的眼神审视库帕："请问你毕业多久了？从事无线电又有多长时间？"

库帕坦率地回答："我是今年刚毕业的学生，之前没干过无线电工作，但我是真的很喜欢这份工作……"

乔治再次粗暴地打断了库帕："小伙子，我看你还是回去吧，我并不认为你能帮到什么，请你不要再耽误我的时间。"不服输的库帕还想继续与之谈一谈，但乔治却毫不留情地再次下了逐客令。

1973年的一天，在纽约街头，一个年轻人将一个约有两块砖头大小的无线电话放在耳边，微笑地说着什么。这个年轻人就是马丁·库帕——手机的发明者，美国摩托罗拉公司的工程研究人员。那一天，库帕手拿无线电话，微笑着跟乔治通话。

乔治怎么也想不到，昔日被自己拒之门外的毫不起眼的小伙子竟真的在自己之前研制出了手机。很快，手机便成为人们日常生活中越来越离不开的通信工具，而马丁·库帕也在一夜之间为人们所熟知。

记者在采访马丁·库帕时，问："如果当初您被乔治雇佣，一定会协助乔治完成手机的研制，而这一成就和荣誉就会变成乔治的，对不对？"

马丁·库帕摇摇头，回答说："不，如果当初乔治雇佣了我，我成了乔治的助手，也许我永远也研制不出手机来。正因为他拒绝了我，断了我向他学习的念头，我才下定决心找出一条研制手机的道路。很庆幸，我找到了。那条道路的名字就叫辱没，我将乔治对我的辱没化作前进的动力，这动力让我成功了。"

库帕是倔强而坚强的，他没有因别人的轻视而自惭形秽，也没有因别人不给自己机会而潦倒落魄，他的坚强和努力最终让曾经辱没他的人看到了他的强大。

在辱没中艰难前行并最终成功的人是最不容易被打败的，他们将源源不断地为自己以及他人创造价值。当然，这样的人也是令人敬佩的，毕竟，不是每个人都能将辱没当成是一种力量。纵观《世界名人录》，有很多人的成就就是辱没造就出来的。

如果你正在经受别人的辱没或嘲笑，并觉得无法忍受时，就想一想那些从丑小鸭变为白天鹅的成功人士的亲身经历吧。人无完人，谁都保不齐会因为某方面的弱点而成为别人嘲笑的对象。不要为此耿耿于怀，只要努力将自己所做的事情做好，努力将自己的优势发挥出来，终有一天，辱没过你的人会在你面前自惭形秽。

03. 再伟大的人也没有资格嘲笑其他人

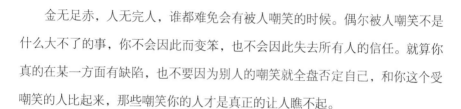

金无足赤，人无完人，谁都难免会有被人嘲笑的时候。偶尔被人嘲笑不是什么大不了的事，你不会因此而变笨，也不会因此失去所有人的信任。就算你真的在某一方面有缺陷，也不要因为别人的嘲笑就全盘否定自己，和你这个受嘲笑的人比起来，那些嘲笑你的人才是真正的让人瞧不起。

有一句话说得好：再伟大的人也没有资格去嘲笑另外一个人。那些嘲笑他人的人本身就是肤浅的，肤浅到以为自己就是真理，以为自己高人一等。殊不知，不是别人不够好，只是他没有把优点展现出来。

有这样一篇文字，讲的是北宋大词人苏轼和一个僧弥的故事。

北宋著名词人苏轼被人们所知，人们喜爱他的词，同时也敬重他，敬仰他。关于他，还有这样的一件轶事。

有一次，苏轼赶路，路遇一个僧弥，这个僧弥在当时非常出名，苏轼便出言挑衅："都说你是个了不起的人，你有什么过人之处呢？在你眼中真的能够看到佛光吗？那你看我是什么？"僧人答道："我眼中的你是圣人。"

苏轼很得意："我看你不过如此，没有什么了不起的。即便你恭维我，我还是要说，你在我眼中不过是坨牛粪。"

没想到僧人只是笑而不语，并没有生气。回到家苏轼向自己的妹妹炫耀，说自己用智慧嘲笑了僧人。苏小妹听了事情的来龙去脉后，笑着对他说："眼中所见，心中所想。因为那名圣僧心中向圣，所以看到的你是圣人。你看到的是牛粪，那么你觉得你心中是什么呢？"

苏轼听后自惭形秽。

所谓闻道有先后，术业有专攻，每个人都有自己独特的优势以及擅长的领域。不要因为自己某方面比别人强，就随意轻视对方。同理，也不要因为别人的轻视就看轻自己，仔细想想，也许你有别人所不及的优点。就算没有，你也可以努力加强在某个方面的锻炼，让自己成为那方面的能手。至于那些嘲笑你的人，生活自然会给他们应有的教训。

一个著名的心理学教授想要了解疯子的生活状态，便去疯人院参观。一天下来，他觉得这里的人的确是疯疯癫癫，做事没有任何逻辑，还语出惊人，让他大开了眼界。

教授在心里对这些病人嗤笑一通后，便准备返回，却发现自己座驾的其中一个车胎被人卸下来了。

"一定是哪个疯子干的，真可恶。"教授气呼呼地想着，动手拿备胎准备装上。但事情好像很麻烦，卸掉他车胎的人竟然将螺丝也拿走了。没有螺丝，备胎是装不上的呀。

教授傻眼了，一筹莫展地瘫坐在一边。就在这个时候，一个疯子蹦蹦跳跳地过来了，嘴里还哼着自编的小曲儿。他看到愁眉苦脸的教授，便停下来问他发生了什么事。

教授本是无心理他，但出于礼貌还是简单地将事情告诉了他。听完，疯子哈哈大笑说："甭担心，我有办法。"

教授心里嘲笑不已，白了他一眼，又兀自盯着那只备胎发呆。

快乐的疯子可没注意教授的白眼，他像个孩子似的蹲下来，笑嘻嘻地从汽车的每个轮胎上卸下了一个螺丝，然后用三个螺丝将备胎装了上去。

教授吃惊地看着这一切，感激之余，大为好奇地问道："你是怎么想到这个办法的?"

疯子还是嘻嘻哈哈地笑着："我是疯子，又不是呆子!"

这个心理学教授本应是睿智的，但他却犯了一个道德上的错误，就是轻视别人。他以为疯子都是疯疯癫癫、没有智慧的，却不知道就算是疯子也有自己擅长的东西，也有别人意想不到的高智商。当他在嘲笑别人是疯子的时候，别人还在笑他是呆子呢。

有人说，在无知的人眼中，别人都是无知的。这句话是很有道理的，有些人稍有成就，就轻视不如自己的人，在他们心中，无知的人随处可见。可事实上，真正无知的是他们，他们不懂得真人不露相的道理。

如果你因为身体上的缺陷或是身份的不起眼而被他人嘲笑，不要因此而感到难过或抬不起头，你可以用智慧或特殊的本领向他们证明，你不是一无是处，你有自己独特的魅力。在你有能力证明自己的时候，那些嘲笑你的人就会变成被他人笑话的那一个。

04. 被轻视和否定，并不代表没本事

很多时候，被别人瞧不起，并不表示你就是差劲、没本事的。如果你觉得自己已经足够努力，就不要被别人的目光左右自己的情绪。

毕竟，这个世界上的智者还是占少数的，绝大部分人还是会凭着各自的感觉以及别人给的信息来分析问题，以至于分析出的结果并不都是客观、真实的。有这样一篇小小说，讲的是一个聪明的却被否定的小学生的故事。

语文老师在给学生上曹冲称象这一堂课时，问底下的学生，曹冲是不是很聪明。大家都说"是"，只有一个学生说："我觉得曹冲并不聪明。"顿时，课堂上的小朋友开始议论纷纷，老师也皱着眉头问那学生为什么。学生固执地说："他就是不聪明。"

老师认为学生是个爱捣乱的笨小孩，很生气地批评了他。学生很委屈，在课上不停地小声重复说曹冲不聪明。于是，老师在放学后把这个学生留了下来，对他做了很长时间的思想教育，并把这件事情告诉了学生的家长。

接着，一连两天学生都没来上课，有同学说他病了，还被父亲打了。老师有些内疚，觉得自己对那孩子的行为有点过分，便去探望学生。他发现两天不见，那个活泼开朗的小孩变得沉默了。

学生见到老师后，还是那句话："我觉得曹冲并不聪明，是真的。"老师

有些诧异，又问为什么。学生说："曹冲称象时为什么不用人而用石头呢？石头搬来搬去多麻烦，而人是可以自由行走的，这不是更容易吗？"

刹那间，眼泪模糊了老师的眼睛，他感到深深的懊悔，一是因为他的过激行为对这个幼小的心灵造成了伤害，二是因为他意识到自己是如何的不辨是非。老师抱住了学生，对他说："你是对的，曹冲并不聪明，是老师错了，你不仅教会了我凡事要运用自己的智慧，更教会我怎么做一个好老师。"

这位老师是一个好老师，只是他的常识和大意差点扼杀一个孩子的心灵。这个孩子是有智慧的，但是小小的他还没有足够的心智和力量去向更多的人证明自己是对的。好在，最后他终于说出了自己心中的答案，并得到了老师的肯定。

这个故事说明，在别人都否定你、轻视你时，并不代表你就是错的、就是不好的。只要你说的话、做的事情是对的、经得起推敲的，那么就没必要为了别人的瞧不起而黯然伤神或是一蹶不振。

历史中，很多人就曾被人轻视，而且一轻视就是千百年，但这并不说明被轻视的人就是没本事的，至少并不是所有被轻视的人都是没本事的，比如三国中的领袖人物孙权。

三国故事中，为人们津津乐道的，通常是刘备、曹操、诸葛亮、周瑜、关云长、张飞这些人物，而称霸一方的领袖孙权反倒被人忽略了。

可以说，世人对孙权是轻视的，他作为三国之一的东吴之主，不管在正史还是小说中，永远都是给刘备、曹操充当配角。但是，尽管孙权的名气不大、广为流传的故事不多，但他也是有自己的本事的。

从哥哥孙策手中接过政权后，他虽然没能让东吴在一夜之间名声大振，但至少让东吴呈现出稳中有升的态势。曹操、刘备手下名将再多、再厉害，也没能从孙权手中得到便宜。

孙权不像曹操那样凡事爱亲力亲为，个人锋芒盖过了手下；也不像刘备那样爱在众人面前痛哭流涕。或许，孙权在历史上的名头还响不过他手下的周瑜、黄盖等，但这也恰好证明了孙权的领导能力。

他管理下的江东子弟无一不是铁骨男儿，不仅能够独当一面，而且极为团结，绝没有谁生过异心。孙权个人露脸的时候并不多，在赤壁之战之前，他并没有绝对的领导权威，但他很善于抓机会，赤壁之战就是一个机会。他借助赤壁之战把周瑜、鲁肃等提拔起来，建立起了自己团队的中流砥柱，从而让整个团队更加自信，让自己的统治更具权威性。

如果说曹操的管理是事必躬亲、处处插手，刘备的管理是依赖精英、以情感人，那孙权的领导就是依靠整个团队，这样的人虽不张扬，但却很有本事。

孙权是被人轻视的，但他是有本事的。在他生活的年代，他始终被自己的下属拥护和爱戴，熟悉他的人，没有人敢说他是差劲的、失败的。而且，就连不可一世的曹操在晚年时也曾说："生子当如孙仲谋。"

还是那句话，我们不能让所有人都瞧得起，但我们要做最好的自己。如果有人轻视你，无须恼怒，也不必与之针锋相对，只要你做的是对的，智者便会赞赏你，知己便会理解你，你不会被真正的强者轻视。

05. 被人瞧不起时，先检讨自己

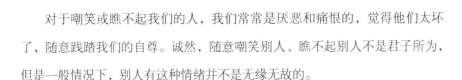

对于嘲笑或瞧不起我们的人，我们常常是厌恶和痛恨的，觉得他们太坏了，随意践踏我们的自尊。诚然，随意嘲笑别人、瞧不起别人不是君子所为，但是一般情况下，别人有这种情绪并不是无缘无故的。

在别人嘲笑自己、瞧不起自己时，先不要急着生气，静下心来检讨一下自己，是不是在某些方面做得真的不够好。一个人如果在被轻视后，只知道用同样恶毒、不中听的语言还击对方，而不知道自我检讨，那么，他很可能会遭到更多人的轻视。

一位女老师在黑板上画了一个苹果，然后问孩子们："你们说，这是什么呀？"孩子们异口同声地回答："屁股。"女老师怔了片刻，看到孩子们一个个笑呵呵的脸蛋，哭着跑出教室，找校长告状："这些孩子嘲笑人。"

校长走进教室，表情严肃地说："你们怎么这么淘气，把老师都气哭了。呀，还在黑板上画了个屁股。"孩子们面面相觑，女老师倒不哭了，脸蔫得跟霜打的柿子似的。

这个老师把苹果画成了屁股，还以为是学生们嘲笑自己，最后被校长一句无心的话指出毛病，最终让她明白错的到底是谁。

很多人都会犯这样的错，总喜欢在别人身上找毛病，以为别人是居心不良地欺负自己，并且委屈得不得了。殊不知，当所有人都和你意见相左时，你可能就是真的错了。从来不知道自我检讨的人，看到的就只会是别人的不公，而不是自己的缺点。

一位素来傲慢的大款，去看望一位哲学家。哲学家将他带到一扇玻璃窗前，问："你看到了什么？"

大款透过窗户瞅了瞅，说："看到了许多人。"

哲学家将他带到一面镜子前，问："你看到了什么？"

大款瞅瞅镜子里的人，说："只看见我自己。"

哲学家说："玻璃窗和玻璃镜的区别就在于那一层薄薄的水银，就是因为这层水银，使有些人只看到别人，而看不到自己。"

哲学家是想让那位大款明白，不要只看到别人对你的冷漠态度，还要检讨自己是不是真有被人所瞧不起的缺点。

在生活中，自我检讨就像一面镜子，能够清楚看出我们身上的不足。当你被人嘲笑或漠视时，不要只想到自己的委屈，还要多检讨自己，看看自己是不是哪里做得不够好。

通常，在遭到嘲笑后能够自我反省，并在看清自己的缺点后及时改正的人，都能有一番大的作为，比如写出了《资治通鉴》的司马光。

司马光小时候是个贪玩又贪睡的孩子，为此，他没少受到先生的责罚。同伴们也有些看不起他，认为他是个不上进的孩子，所以都不愿意和他交朋友。

在对自己进行检讨后，司马光也认识到了自己身上的毛病，他决心要把这些毛病改掉。将毛病改掉的过程一点都不轻松，为了早早起床，司马光在每晚睡觉前都要喝满一肚子水。但结果常常是早上没有被憋醒，却尿了床。后来，司马光又用圆木头做了一个警枕，躺在圆圆的枕头上，早上只要一翻身，头就会滑落在床板上，从而被惊醒。从此，在警枕的帮助下，他坚持不懈地每天一大早就起床读书，最终成为了一个学识渊博的大文豪。

名人之所以能够成为名人，自然是要经历一段艰辛历程的。那些为人称道的历史名人并不都是从一出生就人见人爱，他们也会有这样那样的缺点，也会遭到别人的嘲笑和轻视，但是一时的嘲笑并不能左右他们未来的命运。未来的命运会怎样，最终还是掌握在自己手中。司马光在别人的嘲笑中，及时地进行了自我检讨，最终让众人的嘲笑淹没在永远的年少懵懂期。他是伟大的，他用勤奋和聪明才智让自己的命运始终朝着一个光明的方向前进。

不过，在现实生活中，人们总是习惯用道德伦理的标准去评价或者约束别人，却经常忘记用这样的标准来约束自己。在遭到别人的瞧不起或漠视的时候，总是先怀疑别人的动机，然后怀疑社会的公平性，最后在委屈中为自己愤愤不平。而这样一种心理，只会让自己的生活越变越糟糕，无法帮自己走出困境，也无法改变别人对自己的看法。

被人嘲笑不是什么严重的事，但被人嘲笑后，不知道自我检讨，还继续做错的事情，那前景就会变得不那么乐观。想要走出被嘲笑的命运，还是从现在开始多检讨自己吧，用勤奋和努力让自己越来越优秀。

06. 笑对冷漠

我们大多数人都不喜欢被瞧不起或被漠视，但很多时候，我们总会冷不丁地遇上那种对我们没好感、以冷漠态度对待我们的人。

对待这些人，我们是报以同样冷漠的目光还是笑脸面对？也许，会有更多人选择以冷漠面对冷漠，但是，这样做又有什么好处呢？可以说，这样做对我们摆脱被人漠视的境遇没有一点好处。那些看不起我们的人不仅不会因为我们的冷漠就改变对我们的看法，可能还会因此对我们更加冷漠。

生活中，我们会经常遇到与别人意见相左的情况。面对这样的事情，我们不免会情绪急躁，以至于会还对方以冷漠。但以冷漠对冷漠，只会导致更大的矛盾出现，没准还会让两个人都在愤怒的心态中无法自拔，最终出现"两败俱伤"的局面。

想要让别人不再漠视或瞧不起你，就要懂得与人沟通，让别人看到一个真正有能力的你，而不是只让别人看到你摆着的一张挂满怒气的脸。

还有几个月就要大学毕业了，编导专业的小杨去了一家小有名气的广告公司实习。对于这种刚进来的新人，有些资历老、能力强的员工看不过去。

工作几天，小杨也感觉到总是有人看自己不顺眼。比如每次他去给公司首席导演林导送文件时，那位叫 Jack 的导演助理都对他爱答不理的，有时候还对他翻白眼。

暴脾气的小杨哪是好惹的，每次见到 Jack，也总是摆出一副没好气的样子。于是，Jack 火气越来越大，还不时跟相熟的同事数落小杨的态度。林导向来器重 Jack，看他为新人生闷气，也有些看不上小杨。

在了解小杨和 Jack 的矛盾后，小杨的哥哥大杨趁周末把小杨约了出来谈心，问他为什么不跟导演助理好好相处。

小杨烦躁不已，嚷嚷道："哪是我不跟他好好相处，是他看我不顺眼，瞧不起我。我也没碍到他啥事，我不也在努力工作嘛。"

大杨眉头深皱，略带严肃地跟弟弟说："你就不能有点度量，笑对别人的冷漠？所有事都是能商量的，你不试着跟 Jack 沟通，怎么知道他不会接纳你、理解你。以后若是你遇到更多个 Jack，你也像这样以冷漠对冷漠吗？你这样做，就是在堵自己的路。"

一席话让小杨若有所思，第二天上班，小杨一进制作大厅就看到了正在里面看带子的 Jack。Jack 一看进来的人是小杨，嘴角一撇，低头装作没看见似的继续忙自己的事情。小杨却没像以前那样也对 Jack 不理不睬，他小步挪到 Jack 面前，尽量用温和的声音问："用不用我搭个下手？"

Jack 愣了一下后，才慢慢抬起头，目光不再像以前那样凛冽，变得温和很多，他想了想，说："你帮我把这个备用的片子剪辑一下。"

小杨很爽快地去办了，最后，片子出来，一向挑剔的 Jack 也不禁露出笑容，对小杨的能力有了一个客观的认识。就这样，因为小杨的出色表现，Jack 会分配很多任务给他去做。在实习期满后，小杨被这家公司正式录用，他和 Jack 也成了工作上的默契十足的好搭档。

小杨本身是有能力的，但是因为是新进的公司，还带着年轻人的傲气，所以遭到了 Jack 的冷漠对待。好在他在大杨的开导下想通了怎样才是正确的做法，他不再故意冷脸对待 Jack，而是主动与之谈话，并成功将自己的才能展现了出来。

千万不要因为别人的冷漠就怒火中烧，只知道生气是不能解决任何问题的。康德曾说过："生气就是拿别人的错误惩罚自己。"无论在什么时候，生气都是件得不偿失的事情。

所以，当别人对你表现出漠视或瞧不起等负面情绪时，不要急着生气，要尽量露出笑脸，找机会让对方了解你真正的实力，让对方知道你不是他们想象中的那个样子。只有这样，你才能真正走出对自己不利的局面。

07.　先对别人笑，别人才会对你笑

初入一个新的环境，和周围的人彼此还不熟悉时，总会有人对自己不是那么友好。你无须对这种情况感到不舒服，更不用为此闷闷不乐，甚至想换个环境。也许，那些对你不太友好的人并没有瞧不起你，他们只是习惯了以那样的脸孔和姿态面对生人。

想要让那些人收回冷漠的面孔，你可以尝试先对他们笑，笑是最有效的缩短你与他人距离的方法。

为了证实微笑的作用，一位动物学家和一位心理学家共同做了这样一个有趣的实验：

将两间房子的墙壁镶满镜子，然后把两只猩猩分别关进不同的房间。

一只猩猩性情温顺，刚踏进到房间时就满脸笑容。后来，它从墙壁的镜子里看到许多"同伴"也对自己报以友善的微笑，就笑得更开心了。很快，它就和这个新的"群体"打成一片，尽情在房间里嬉戏，玩得不亦乐乎。三天后，当它被实验人员带出房间时，样子看起来竟然有些恋恋不舍。

另一只猩猩脾气有点暴躁，总是爱板着脸，它在进入房间时，也是一脸的不高兴。后来，他从镜子里看到许多"同类"对它怒目而视，就更不高兴了。他张牙舞爪地吓唬"同类"，"同类"们对它也不客气，于是它就和这个新的"群体"开始了无休止的追逐和争斗。三天后，当实验人员要将它带出房间时，却惊讶地发现这只性格暴躁的猩猩已经因气急败坏、心情抑郁而悄悄死去。

这种现象被心理学家称为"态度效应"，延伸到人际交往中就是：你用什么样的态度对待别人，别人也会用什么样的态度对待你。

有人说："生活是一面镜子，你对它笑，它也会对你笑。"当然，他人也是一面镜子，你对他笑，他就会对你笑。与其斤斤计较，以冷漠对冷漠，不如笑对他人，让别人因为你的笑而收回冷漠。

小李毕业于一所不起眼的三流专科大学，不过凭借英语专业八级以及计算机三级的证书，他还是被 S 市一家较为出名的公司录用了。

公司里人才济济，多数都毕业于名校，小李一进公司就觉得自己实在是不起眼得很。另外，小李性格本就内向，上班半个月了，他就只和 HR 以及本部门的一两个同事说过话。至于其他部门的同事，尤其是行政部的经理，小李总觉得他们对自己都很冷漠，甚至有些瞧不起自己。所以，他总是不开心，人前人后总是一副愁眉苦脸的样子。

后来，小李觉得公司里的人越来越不喜欢和自己说话，吃饭时也没人主动和他坐在一个餐桌上。小李难过极了，甚至有了辞职不干的打算。

怀着抑郁的心情，小李继续上班。有一天早晨他出门早了，不料竟在公司电梯里遇到了行政部的王经理。电梯里空间不大，但单独和王经理站在一起，小李觉得四周空旷极了，王经理的脸色也比平时严肃了很多。

面对电梯中能清晰印出人影的墙壁，小李觉得自己的面部表情实在太难看了，就好像别人欠自己一万块钱似的。猛然间他意识到什么，便松弛开僵硬的表情，换上一副笑脸，缓缓转身，跟王经理友好地打招呼："原来是王经理，您早啊。"

很快，王经理脸上也绽放出一个和蔼的微笑，并向小李点头："你早啊，新来的吧，记得在市场部见过你。"于是，两个人在电梯里进行了一段短暂但却友好的谈话。

回到座位上后，小李的心情豁然开朗，他突然明白了，并不是别人有意对自己冷漠，也不是别人看不起自己，是自己太僵硬了，总不愿意先对别人笑。于是，在这一天里，小李总是笑呵呵的，在行政部拿资料，去财务处送收据时也不时开两句玩笑。一天下来，小李感觉到，同事们对他的态度明显热情多了。

起初，小李只看到别人对自己的态度，而没有注意到自己对别人的态度，从而让自卑的他觉得大家对他有意见，瞧不起他，而事实上，是他那副冷冰冰的态度让同事们对他敬而远之。所以，在他及时改变自己的态度后，同事们也收回冷漠，对他热情起来了。

有句成语叫"礼尚往来"，友好的态度和善意的微笑就是一种珍贵的礼物，当你把这个礼物送给别人，包括那些对你冷漠的人时，你也会收到同样的礼物。

如果我们一定要戴着有色眼镜看人，以为所有对我们冷漠的人都不是好人，那我们就不可能有化冷漠为热情的那一天，我们就只能在冷漠的世界里孤单地过不幸福的日子。其实幸福和我们的距离从来都不会太遥远，把心态放宽一点，只要先对别人笑，别人自然会对你笑，你的笑容便会将冷漠融化。

08.　先要播种，才会有收获

　　在交际的过程中，总是有人抱怨别人对自己不够好、别人不肯为自己付出。但是，当我们在抱怨的时候，为什么不冷静下来好好想一想，我们对别人够好吗？我们对别人又付出了多少呢？

　　要知道，付出和回报是成正比的，付出多少相应的就会有多少回报。当我们希望别人怎么对待自己时，首先我们就要怎么对待别人。

　　打一个形象的比喻：当我们想要收获丰硕的果实的时候，千万不要吝啬手里的种子，将它们播撒并且精心地照顾，你会发现，到了收获的季节，便会硕果累累。而没有付出，又怎能尝到收获的甜美呢？

　　Felix的女儿患上了一种十分罕见的疾病，看遍了全国所有的名医都没有效果。有一天，Felix得知一位美国名医要来德国考察的消息，他又重新燃起了希望，通过各种社会关系联系这位名医，但是杳无音讯。

　　一天下午，外面下着大雨，突然有人敲门，Felix非常不情愿地把门打开，站在门口的是一个又矮又胖、衣服湿透、样子很狼狈的人。这人说："对不起！我迷路了，我能借您的电话用用吗?"

Felix 不悦地说："对不起！我女儿正在休息，我不希望有人打扰她。"然后，关上了门。

第二天早晨，Felix 在读报纸的时候，看到了一则关于美国名医的报道，上面还附着他的照片。天哪！他惊呆了！原来那位名医竟然是昨天敲门借用电话的那个矮胖男人，Felix 后悔莫及。

事例中的 Felix 只因女儿的病症心情烦躁，无心和他人周旋，所以拒绝付出和帮助他人，而把本能救助自己女儿的医生拒之门外，而且这个医生还是他千方百计想联系，却一直联系不上的人。Felix 有多后悔可想而知。

由此可见，有时候，并不是因为别人对我们不够好，而是我们绞尽了脑汁想从对方身上得到，而不愿意自己先付出；在别人需要帮助的时候，我们没有及时伸出援手，而是选择了袖手旁观。

因此，我们要想获得朋友的支持，要想拥有一个和谐的人际关系，进而提升个人的竞争力，就不要一味地要求别人如何对待自己，而是要改变自己，学着给予别人真诚、信任、尊敬、利益、赞美等。

人都是有感情的，每个人都懂得"人心换人心，四两换半斤"的道理，当你对别人付诸真诚和爱心时，别人也才会以同样善意的方式来回报你。我们付出多少，相应的就能够得到多少，甚至更多。

我们来分享一个经典的故事。

乔治·伯特是著名的渥道夫·爱斯特莉亚饭店的第一任总经理。年轻时，乔治·伯特只是一家旅馆的普通服务生，是一个偶然的机遇，使他得到了幸运之神的垂青，一生的命运发生了改变。

那是很多年前的一个暴风雨的晚上，从事旅馆服务生工作不久的乔治·伯特正在柜台里值班，有一对老年夫妇走进旅馆大厅要求订房，查看了房间登记记录之后，乔治·伯特很不幸地告诉他们这间小旅店早就客满了。

看着这对老夫妇失望的表情，又看了看门外的飘泼大雨，乔治·伯特有些不忍心深夜让这对老人出门另找住宿，而且在这样一个小城，恐怕其他的旅店也早已客满打烊了，总不能让老人在深夜流落街头！于是，他说道："如果你们不嫌弃的话，今晚就住在我的床铺上吧，我自己在店堂里打个地铺就行。"

这对老夫妻非常感激，于是在这里住下了。第二天早上他们付房费时，乔治·伯特坚决拒绝了。

临走时，老夫妻说："只有你才可以当一家五星级酒店的总经理。"

乔治·伯特认为这只是一个玩笑，笑着说："那真是太好了！那样以我的收入就足可以养活我的老母亲了。"

故事并没有因此而结束，过了一段时间，乔治·伯特收到一封来自曼哈顿的信，是那对老夫妻写来的，他们邀请他到曼哈顿去，要聘请乔治·伯特任一家饭店的第一任总经理，而这家饭店就是美国著名的渥道夫。

顿时，乔治·伯特目瞪口呆，他没想到举手之劳会让自己收获这么多。

你看，当我们主动善意地对待别人的时候，我们不但拥有了良好的人际关系，还收获了幸福的人生。那么，我们主动对别人付出又算得了什么呢？

总之，不要因为别人对自己不够好而抱怨，而是要在平时用自己的真心为别人付出。相信，你无论走到哪里都会很受欢迎，也必然会收获到真诚、信任、尊敬、赞美等。

第六辑

给怯懦多一点鼓舞：
敢想更要敢做，人生境遇靠行动改变

怯懦既像是一块绊脚石，让我们走起路来畏首畏尾；又像一味毒药，专门蒙蔽我们那颗勇敢的心。想要走得顺畅，活得精彩，我们就要将怯懦打败。一般来说，怯懦多源于对自己的不自信以及自身能力的欠缺，如果我们能够不时地鼓励自己，并且不断加强自身能力，怯懦在我们心头就会失去立足之地。

01.　告别胆怯，相信自己

　　胆怯就像一副沉重的枷锁，不仅束缚着我们的行动，还撕扯着我们的自信。如果任由胆怯蔓延，那最终将把我们折磨得身心俱疲、奄奄一息，让生命如将熄的蜡烛，毫无生气可言。因此，怯懦就像是自己对自己贬低，自己和自己过不去!

　　生活中，我们总是谴责那些自高自大的人，那些个人英雄主义者，认为他们自命不凡、妄自尊大、目空一切，结果是害人又害己。诚然，骄傲固然不好，但是怯懦也绝非是一件好事情。有着胆怯内里的人，往往认为自己处处不如别人，习惯用放大镜放大自己的缺点和放大他人的优点，从而无法在他人面前抬起头来。所以，我们没有必要老是盯住自己的缺陷不放，自己和自己过不去，而应当向积极的方面发展。

　　在做一件事情的时候，假如你提前有了坏的预感，在心里告诉自己"我这样做也改变不了什么"、"我肯定会失败的，成功几率很小"。如此，潜意识就会全盘吸收你的指示，即便出现了转机，你也会因为胆怯的心理，从而眼睁睁看着它溜走。因此，我们必须要想办法把"一定会失败"的意念排除掉，换成"我一定会成功"。

　　胆小，犹如燕雀，只能在风暴和高空下面苟延残喘；而胆足，则能如雄鹰般搏击长空。

　　我们来看看下面这篇契诃夫的著名的文章——《小公务员之死》。

一个挺好的晚上，有一位心情同样挺好的庶务官伊凡·德米特里·切尔维亚科夫，坐在剧院第二排座椅上，正拿着望远镜观看轻歌剧《科尔涅维利的钟声》。

他看着演出，感到无比幸福。但突然间他的脸皱起来，眼睛往上翻，呼吸停住了……他放下望远镜，低下头，便……阿嚏一声！！！

他打了个喷嚏，你们瞧。无论何时何地，谁打喷嚏都是不能禁止的。庄稼汉打喷嚏、警长打喷嚏，有时连达官贵人也在所难免，人人都打喷嚏。切尔维亚科夫毫不慌张，掏出小手绢擦擦脸，而且像一位讲礼貌的人那样，举目看看四周：他的喷嚏是否溅着什么人了？但这时他不由得慌张起来。他看到，坐在他前面第一排座椅上的一个小老头，正用手套使劲擦他的秃头和脖子，嘴里还嘟哝着什么。切尔维亚科夫认出这人是三品文官布里扎洛夫将军，他在交通部门任职。

"我的喷嚏溅着他了！"切尔维亚科夫心想，"他虽说不是我的上司，是别的部门的，不过这总不妥当。应当向他赔个不是才对。"切尔维亚科夫咳嗽一声，身子探向前去，凑着将军的耳朵小声说："务请大人原谅，我的唾沫星子溅着您了……我出于无心……"

"没什么，没什么……"

"看在上帝的份上，请您原谅。要知道我……我不是有意的……"

"哎，请坐下吧！让人听嘛！"

切尔维亚科夫心慌意乱了，他傻笑一下，开始望着舞台。他看着演出，但已不再感到幸福。他开始惶惶不安起来。幕间休息时，他走到布里扎洛夫跟前，在他身边走来走去，终于克制住胆怯的心情，嗫嚅道："我溅着您了，大人……务请宽恕……要知道我……我不是有意的……"

"哎，够了！……我已经忘了，您怎么老提它呢！"将军说完，不耐烦地撇了撇下嘴唇。"他说忘了，可是他那眼神多凶！"切尔维亚科夫暗想，不时怀疑地瞧他一眼。"连话都不想说了。应当向他解释清楚，我完全是无意的……这是自然规律……否则他会认为我故意啐他。他现在不这么想，过后肯定会这么想的！……"回家后，切尔维亚科夫把自己的失态告诉了妻子。他觉得妻子对发生的事过于轻率。她先是吓着了，但后来听说布里扎洛夫是"别的部门的"，也就放心了。

"不过你还是去一趟赔礼道歉的好，"她说，"他会认为你在公共场合举止不当！"

"说得对呀！刚才我道歉过了，可是他有点古怪……一句中听的话也没说。再者也没有时间细谈。"第二天，切尔维亚科夫穿上新制服，刮了脸，去找布里扎洛夫解释……走进将军的接待室，他看到里面有许多请求接见的人。将军也在其中，他已经开始接见了。询问过几人后，将军抬眼望着切尔维亚科夫。

"昨天在'阿尔卡吉亚'剧场，倘若大人还记得的话，"庶务官开始报告，"我打了一个喷嚏，无意中溅了……务请您原……"

"什么废话！……天知道怎么回事！"将军扭过脸，对下一名来访者说："您有什么事？"

"他不想说！"切尔维亚科夫脸色煞白，心里想道，"看来他生气了……不行，这事不能这样放下……我要跟他解释清楚……"当将军接见完最后一名来访者，正要返回内室时，切尔维亚科夫一步跟上去，又开始嗫嚅道："大人！倘若在下胆敢打搅大人的话，那么可以说，只是出于一种悔过的心情……我不是有意的，务请您谅解，大人！"

将军作出一副哭丧脸，挥一下手。"您简直开玩笑，先生！"将军说完，进门不见了。

"这怎么是开玩笑？"切尔维亚科夫想，"根本不是开玩笑！身为将军，却不明事理！既然这样，我再也不向这个好摆架子的人赔不是了！去他的！我给他写封信，再也不来了！真的，再也不来了！"切尔维亚科夫这么思量着回到家里。可是给将军的信却没有写成。想来想去，怎么也想不出这信该怎么写。只好次日又去向将军本人解释。"我昨天来打搅了大人，"当将军用疑问的目光看向他时，他开始嗫嚅道，"我不是如您讲的来开玩笑的。我来是向您赔礼道歉，因为我打喷嚏时溅着您了，大人……说到开玩笑，我可从来没有想过。在下胆敢开玩笑吗？倘若我们真开玩笑，那样的话，就丝毫谈不上对大人的敬重了……谈不上……"

"滚出去！！"忽然间，脸色发青、浑身打战的将军大喝一声。

"什么，大人？"切尔维亚科夫小声问道，他吓呆了。

"滚出去！！"将军顿着脚，又喊了一声。切尔维亚科夫感到肚子里什么东西碎了。什么也看不见，什么也听不着，他一步一步退到门口。他来到街上，步履艰难地走着……他懵懵懂懂地回到家里，没脱制服，就倒在长沙发上，后来就……死了。

这是契诃夫经典的短篇小说，在这里我们愿意相信：这位小公务员是一个好人，他有一个体贴他的老婆，有一个温暖的家。我们可以愤然地说，是那个万恶的社会残害了他。但是，我们心中应该比谁都清楚，他的真正死因并非是黑暗的社会制度，而是他那颗懦弱的心。

在这个世界，但凡胆小怕事的人，都是没有任何出路和希望的。很多时候，胆小怕事到了极致，就相当于自己把自己给束缚了起来，难道不是吗？要知道，退缩，无限地退缩，最后只会退到万丈深渊。

因此，我们必须要对自己有一个清醒的认识，不能让胆小的心绊住了我们前行的脚步。一次失败的经历，一次惨痛的教训，或许是自身的某种缺陷，让自己陷入到悲剧的人生，一直反复地自我折磨。假如是这样的话，那你就会永远地成为一个失败者，因为你的心里早已对生活投降了。我们可以试想一下，一个始终认为自己不如他人的人，怎么可能战胜敌人，又怎么可能实现自己的理想？

这就如下面的这个寓言。

一个人本来可以背负 200 斤的货物，可是他总以为自己只能背 100 斤的货物。刚超过 100 斤的时候，这个人就会产生心理的重负。后来，这个人背了 100 斤的物货，本来他好好地背着，却不料后面有个人说，老板太缺德了，明明是 110 斤却总说是 100 斤，真是一个典型的奸商。

这个人一听，浑身一软，立刻被背上的货物压死了。

所以，我们不应当小看自己，如果太过于小看自己，那只能被本来自己可以承担的任务压垮。因此，我们应当适当地加重一些负荷，多为自己鼓鼓劲，然后大踏步地往前走去。只有这样，我们才能更好地披荆斩棘，更好地面对人生中的风雨坎坷。

02. 让怯懦迅速离开

生活中，我们经常会碰到这样的情况：同样的人在面对相同的事的时候，常常会出现不同的表现。为什么会这样呢？如果我们仔细想想，就会不难发现，世上每个人的眼光各不相同，看问题的角度与理解事物的能力也不一样，因此会产生如此大的差别。

爱迪生为了找到适合的制作灯丝的材料，曾经实验了 1200 次。虽然他都失败了，但是没有因此而心生胆怯。有人问他："你已经失败了 1200 次了，为什么还要继续?"爱迪生自信地笑了："我的成功就在于发现了 1200 种材料不适合做灯丝，现在我只要再往下接着找就行了。"

是的，失败并不可怕，失败只是给我们增长一个经验罢了。

所以，我们在遇到事情的时候，都应当采用这种积极的思维方式。如此，你的世界就会离胆怯越来越远。

曾经，一个纽约的商人在回家的路上，看到一个衣衫褴褛的尺子推销员。于是，他生出一股怜悯之情，把 1 美元丢到了卖尺子人的盒子里，然后准备走开。可是，他刚要走的步伐却停了下来，返回身从盒子里取了一把尺子，并对卖尺子的人说："我们都是商人，只不过经营的品种不同，你卖的是尺子。"

几个月后，这位商人参加了一个社交场合。这时，一位穿着整齐的推销员迎了上来。他彬彬有礼地自我介绍说："先生，您可能已经记不得我了，但我永远忘不了您，是您重新给了我自尊和自信。以前，我一直认为自己和乞丐没什么两样，直到那天您买了我的尺子，并且告诉我，我们都是商人为止。我非常感谢您!"

由此可见，要想赢得成功，首先需要战胜的就是自卑心理。正如这位落魄的推销员一样，他一直把自己当作乞丐，使自己的自尊与自信荡然无存。可是，纽约商人的一句话，让他重新找到了自信，并开始了全新的生活。所以，我们不能成功的最大原因，就是我们的软弱和缺乏自信。只有相信自己，相信自己的优势，相信自己的能力，才能有权占据一个自己的空间。

居里夫人曾经这样说过："生活对于任何一个男女都不是一件容易的事。所以，我们必须要有坚韧不拔的精神，必须要对自己充满信心。一个对自己有自信的人，那么他就能成为他所希望成为的人。"

一位年轻的画家信心满满地把自己的一幅佳作送到画廊里展出。他看着自己付出心血打造的作品，心中十分高兴，认为一定会得到他人的赞美。

于是，他别出心裁地在画作旁放上一支笔，并附言："如果观赏者认为这画有欠佳之处，那么请在画上做上记号。"第一天展出结束后，年轻画家的这幅画上被标满了记号，几乎没有一处不被指责的。

年轻画家的信心受到了打击。他回去想了一晚后，忽然若有所悟，于是赶忙提笔又重新画了同样的画拿去展出。不过，这次的附言与上次不同，他请观赏者将他们最为欣赏的妙笔都标上记号。结果，当年轻画家再取回画时，看到画面又被涂满了记号，原先被指责的地方，却都换上了赞美的标记。

从故事里，我们也已看出，年轻画家不受他人的操纵，自信而不自满，善听意见却不被意见所左右，而这就是成功者应有的心态。

有人说过这样一句话："有自信心的人，可以化渺小为伟大，化平庸为神奇。"是的，世界上每个人看事情的角度都是不一样的，我们没有必要企求得到所有人的赞扬。年轻画家的故事正好诠释了这个主题。要知道，如果画家在受到指责后，就沮丧不已，认为自己不行，那么他真的就会因此消沉下去，没有信心再继续从事创作了。

如果我们过低地估计自己，那么遇事时就会认识不到自己拥有的能力。而无法认识自己，便跳不出自己的思维模式，但越是跳不出自己的思维模式，就会越觉得自己不行。这样势必会依赖他人，受他人的操纵。如果是这样，那么每失败一次，自信心就会受到一次伤害。久而久之，所有的行为就会按照别人的意见来行事，一切也就会让别人来操纵，如此可悲的事情便会接踵而至。

但是，如果我们相信自己，深信自己一定能实现梦想，那么我们就会鼓起勇气，笑闯人生风浪。

有一天，一名因为合伙人的破产而变得一无所有的经理，寻求美国著名成功学家拿破仑·希尔的帮助。

拿破仑·希尔看到他消极沮丧的面孔，于是就带他走到厚窗帘的前面，对他说："你将看到这世上唯一能使你重获信心并且克服困境的人。"拿破仑·希尔将这块窗帘揭开，出现在经理面前的不是别人，正是他自己。

这名经理用手摸了摸长满胡须的脸孔，又对着镜子里的人上下打量了几分钟，然后陷入了沉思。过了一会儿，这名经理向拿破仑·希尔道了一声谢，而后离去。

几个月后，那名经理再度现身在拿破仑·希尔的面前。此时，他已经不是当初那个意兴阑珊的失意者，而是从头到脚打扮一新，看起来精神焕发、信心十足的成功者。

这个经理告诉拿破仑·希尔："那天，我走进你的办公室时还只是一个流浪汉，后来是你让我对着镜子找到了我的自信。现在我找到了一份薪水不错的工作，我相信以前的成功肯定还会降临到我的身上。"

怯懦就是看不起自己，而看不起自己，就是自己和自己过不去。生活中，人们常常把自信比作发挥主观能动性的闸门，比作启动聪明才智的马达，这都是很有道理的。我们只有确立自信心，只有赶走怯懦，才能真正地发现自己，肯定自己。

要知道，相信自己，就是相信自我是有价值的。这种价值体现在我们能够为社会、为他人创造价值，而且社会、他人也会反过来为我们提供相应的服务。所以，抛弃怯懦的心理吧！只要我们相信自己，就能把握住自己的个性；只要我们不在乎别人如何评价自己，就能为自己赢得一片天地。而如果我们不信任自己、不尊重自己，那自然就不会得到别人的信任和尊重。

其实，成功最可靠的资本就是自信，而最大的阻碍就是胆怯。因此，我们只要相信自己的价值，充分认识自己的长处，就一定能够保持奋发向上的劲头，一定能够取得最终的成功。

03. 空想没有用，要付诸行动才行

成功靠得并非是英明的决策，而是能否在决策做出后，以行动如实地执行下去。假如光凭脑子想，永远不把想法付诸行动，那么一切只能成为一场空梦，永远也不会获得成功。

下面有一则这样的故事。

某个教堂因为来了很多老鼠，所以养了一只猫。这只猫特别能干，很会抓老鼠，于是老鼠的数量不断减少。后来，老鼠们只好天天躲在洞里，不敢轻易外出。无奈之下，老鼠大王组织召开了一个老鼠会议，紧急商讨怎样对付猫吃老鼠的问题。

老鼠们个个都很聪明，想到了很多独特的方法。有的老鼠建议研究一种毒药，悄悄放到猫的食物里；有的老鼠想出用黄油烫死猫的方法；还有的老鼠提议，一起出洞咬死猫……大家各抒己见，可是都不是上上策，都不能保证既消灭猫，又自保性命。

这时，一只号称最聪明的老鼠站起来，提议道："猫的武功太高强，死打硬拼我们不是它的对手，不如用防。我们在猫的脖子上系个铃铛，这样，以后我们只要听到铃铛的声音，就知道猫来了赶快逃跑，我们就再也不用担心被猫抓到了！"

"好办法，好办法，真是个聪明的主意！"老鼠们欢呼雀跃起来，老鼠大王当即批准了这个方案，并宣布："咱们就按系铃的方案对付猫，现在开始落实。有谁愿意接受这个任务?请主动报名吧。"

等了好久，会场里一片寂静。接着，老老鼠们说："我们老眼昏花、腿脚不灵，最好找个身强体壮的。"而身强体壮的老鼠说："我们平时要给大家找食物，要是我们被抓去了，你们的处境不是更糟? 还是找小老鼠吧，他们机灵，跑得快。"而小老鼠们则纷纷说："我们年轻，没有经验，怎能担当如此重任呢?"

结果，老鼠们仍然继续战战兢兢地生活着……

不得不承认这是一群非常聪明的老鼠，它们能够集思广益，想出要给猫系铃铛的好方案。可是，光想没有用，还得把这些付诸现实。可是，没有一只老鼠愿意去落实这个方案。尽管这个方案很好，但是没有老鼠去做，也就没有任何的意义。结果，这群看似聪明的老鼠只能像以前一样，战战兢兢地生活。

在工作中，我们也能经常看到这样的人：只会沉迷于文山会海里，嘴上夸夸其谈，重视制订计划、准备书面材料等案头工作，却什么行动都不采取，致使机会一次次地从手边溜走。

第六辑　给怯懦多一点鼓舞

格林是美国著名的成功学家，他在演讲时，时常对观众开玩笑地说，美国最大的快递公司——联邦快递其实是他发明的。格林没有说假话，他的确有过这个主意。

20世纪60年代，年轻的格林刚刚参加工作，他每天都在为如何将文件在规定的时间内从美国的一端城市送到另一端城市而苦恼。当时他想，如果有人能够开办一个将重要文件在24小时之内送到任何目的地的服务，该有多好！

这个想法在他脑海中停留了好几年，他也没有采取过相关的行动。直到一个名叫弗列德·史密斯的人真的把这种想法转变为实际行动，并取得了成功，格林才追悔莫及。

"这件事情对我是一个深刻的教训，使我明白了有了好的想法就要赶紧采取行动，否则就会与成功失之交臂。"格林说道，"当然，毫无疑问，我现在的成功正是不断行动的结果。"

诚然，成功是任何人都渴望的，但是成功绝不是仅仅靠计划就可以完成的。如果你从来都不付诸行动，那么成功自然就会投入别人的怀抱，从而弃你而去。格林就是因为空有想法，而不去行动，使得原本可以实现的成功和荣誉，被自己错过了。

现实中，那些成功者之所以能有一番作为，是因为他们既可以制定出正确、完美的计划，又能对这些计划进行持续而有目的的实际行动，不折不扣地将它们执行下去。

一家国有企业不幸破产后，被另一家民营集团收购。企业里的人都翘首盼望着新的领导能带来令人耳目一新的管理办法。开工大会上，新领导诚恳地说："一切按照原来的管理制度进行，我只有一个要求，那就是把先前的制度坚定不移地执行下去，将所有的规章制度执行到位。"结果呢？这家企业制度没变，机器设备没变，员工也没有变，什么都没有变。但令人意想不到的是，不到一年时间，企业就扭亏为盈。

其实，所有领导的绝招只有一个，那就是执行。只有执行到位，才能有成功的机会！对于此，马云曾这样说："三流的点子加上一流的执行水平，要比一流的点子加上三流的执行水平更重要。"

那么，我们又是如何做的呢？现在就请回想一下，我们在每天的工作、生活中，是否因为不敢、不愿执行某项既定的计划，而导致原本很好的计划"破产"，从而使得人生毫无成就感而言？

相信，很多人都是如此。因此，请记住，行动远比想法更重要。只有多一些行动才能多一些成功。如果我们想在工作中取得良好的表现，如果想在职场中脱颖而出，那么就先要培养自己高效的执行力。如此，任何的想法才不是空中楼阁，任何的目的也才能够实现。

04.　立刻行动起来，改变拖延的习惯

"这件事情还是以后再想吧"、"看完这个电影就去学习"、"等明天再写这份报告也不迟"……在要做出抉择或要付出劳动时，你是不是经常这样为自己找出一些借口、安慰，拖延时间做事？

其实，拖延更多是人的惰性在作怪，拖延就是纵容惰性，也就是给了惰性机会，这样很容易消磨人的意志，使人对自己越来越失去信心，使完成某项计划所需的时间加倍，而这又会使我们感到厌倦无聊。

如此，当一个人处于拖延状态之中时，往往就会陷于一种恶性循环，这种恶性循环就是：拖延——低效能＋情绪困扰——拖延。可以断定的是，升迁和奖励绝不会降落到这种人身上，成功也会与之擦肩而过。

有一个古老的寓言故事。

在古老的原始森林里，阳光明媚，鸟儿欢快地歌唱，辛勤地劳动。其中有一只寒号鸟，它有着一身漂亮的羽毛和嘹亮的歌喉，它每天到处游荡，卖弄自己的羽毛和嗓子。看到别人辛勤地垒窝，它不以为然。

好心的鸟儿提醒它说："寒号鸟，快垒个窝吧！不然冬天来了怎么过呢？"

寒号鸟轻蔑地说："冬天还早呢，着什么急呢！趁着今天大好时光，快快乐乐地玩玩吧！"

就这样，日复一日，冬天眨眼就到来了。鸟儿们晚上都在自己暖和的窝里安详地休息，而寒号鸟依然没有垒窝。夜间的寒风吹得它瑟瑟发抖，它用美丽的歌喉哀叫道："抖落落，抖落落，寒风冻死我，明天就垒窝。"

第二天，太阳出来了，万物苏醒了。沐浴在阳光中，寒号鸟好不惬意，完全忘记了昨天晚上的痛苦，又快乐地歌唱起来。

好心的鸟儿又劝它："快垒窝吧！不然晚上又要发抖了。"

寒号鸟嘲笑地说："不会享受的家伙，阳光如此明媚，正是唱歌的好时候，我明天再垒窝也不迟。"

晚上又来临了，寒号鸟又重复着哀叫："抖落落，抖落落，寒风冻死我，明天就垒窝。"就这样重复了几个晚上，一场大雪突然降临，鸟儿们奇怪寒号鸟怎么不发出叫声了呢？大家连忙前去一看究竟，才发现寒号鸟早已被冻死了。

寒号鸟的故事虽是一则寓言，但它的确讲明了在人的一生中，今天的行动是多么重要，只是寄希望于明天而不重行动的人，今天把事情推到明天，明天把事情推到后天，一而再再而三，最终只会是一事无成。

"一些人总是习惯一直拖延，直到时代抛弃了他们，结果就被无情地甩到后面去了，"阿莫斯·劳伦斯说，"所有事情成功的秘诀就在于养成凡事立即行动的好习惯，这样才可以站在时代潮流的前列。"

看看那些取得过最佳成绩的人，他们从来不会把事务拖延到一起去集中处理，总是能够和拖延心理说"不"，做到今天的事情今天完成，坚决不让今天的事情"过夜"。"要做的事情，马上动手，不要给拖延找借口!"这是众多成功者的亲身经验。

有这样一位英国年轻人，他的工作效率很慢，始终得不到公司的重视和重用，也看不到一点点事业成功的希望，他整个人都快要崩溃了。于是，他决定去请教著名的小说家瓦尔特·司各特。

一天早晨，年轻人来到瓦尔特·司各特家里，他有礼貌地问道："我想请教您，身为一个全球知名的作家，您每天是如何处理好那么多的工作，而且很快就能取得成功? 您能不能给我一个明确的答案?"

瓦尔特·司各特并没有回答年轻人的问题，而是友好地问道："年轻人，你完成今天的工作了吗?"年轻人摇摇头："这是早晨，我一天的工作还没有开始呢。"瓦尔特·司各特笑了笑，说道："但是，我已经把今天的工作全部完成了。"

年轻人感到莫名其妙，瓦尔特·司各特解释道："你一定要警惕那种使自己不能按时完成工作的习惯——我指的是，拖延的习惯。要做的工作即刻去做，等工作完成后再去休息，千万不要在完成工作之前先去玩乐。如果说我是一位成功者的话，那么我想这就是我成功的原因。"

年轻人茅塞顿开，他回想起自己在工作上拖拖拉拉的行为，拜谢过瓦尔特·司各特后匆匆地离开了。此后，他改变了拖延磨蹭的习惯，要做的工作即刻去做。一年后他成为了这家公司的副总经理。

一日有一日的理想和决断。昨日有昨日的事，今日有今日的事，明日有明日的事。今日的理想，今日的决断，今日就要去做，一定不要拖延到明日，因为明日还有新的理想与新的决断。

从现在开始，好好想想拖延这个问题。你是不是此类人中的一个？你是不是也把事情推延到最后一分钟才做？如果是的话，那么现在该是面对现实、好好改变的时候了。从今天做起，和拖延说再见！行动起来！

05. 每场战役都有"关键时刻"，犹豫是最大的错误

有很多人问，世上最可悲的人是哪些人？这个问题其实很简单，他们就是优柔寡断的人。因为具有这种性格的人，他们对待任何事情都举棋不定、犹豫不决，这样不仅浪费了时间，而且还影响自我的判断，扰乱走在成功道路上的步伐。

要知道，每一个成功都离不开机会的"催化"，但是任何一个机会都是稍纵即逝的。因此，想要取得成功，就必须把握好这个关键时刻，一旦犹豫不

决，机遇就会与你失之交臂，而你也就只能两手空空，一无所有。

生活中，很多人之所以会优柔寡断，是因为他们不知道所做的事情最后的结果会怎样，总是害怕自己会失去什么。一旦这样的想法长时间深入内心，那么就会使自己愈加不敢前行，不敢担负任何的责任。

下面就是一个典型的例子。

杰克突然下岗了，他的生活一下子陷入了黑暗之中，整日抑郁不已。有一个朋友来看望杰克，考虑到杰克曾是一家超市的市场监管，便给他指出了一条明路——到工商局去办个执照，租个摊位，做点小买卖。

刚听到朋友的建议时，杰克挺高兴，痛快地答应了。又一想，办了照就得纳税，好不容易赚几个钱都交税了，还不如不办照。到商场租个摊位，摊位费每月也得上午块，一共能赚多少钱啊，不够交摊位费岂不亏了，还不如在街头摆地摊。可听人说，街头摆地摊就怕遇上市容突击大检查，那真就是望风而逃，想起那情景够让人害怕的，还是再想想吧……

就这么着，杰克已经想了两年多了，还没有做起小买卖，依然处于失业状态。

我们常说："行动的速度取决于下决心的速度，如果内心一直犹豫不决，行动将犹如一叶漂荡在海中的孤舟，将永远漂泊，永远不能靠岸。"所以，对于有志者而言，自己所面对的最大的窃贼就是犹豫!

对于犹豫不决的个性，拿破仑非常忌讳，他曾经这样说："每场战役都有'关键时刻'，把握住这一时刻意味着战争的胜利，稍有犹豫就会导致灾难性的结局。"拿破仑前期之所以能够取得那么伟大的成就，就是因为他懂得"关键时刻"的重要价值。

诚然，有时我们遇到的问题确实十分严重，很需要我们谨慎抉择、权衡利弊，可是我们也没有必要一直沉浸在优柔寡断之中。假如你不幸染上了这种习性，那就应当赶紧去纠正它，让自己练就一种敏捷而有决断力的本事。"断尾求生"的故事我们大概都听过：遭遇敌害的时候，壁虎通常会弄断自己的尾巴，让那条断尾继续跳动，分散敌人的注意力，以便让自己逃脱。如果它犹豫不决的话，那么最终的结果就不是少了条尾巴，很可能是送了命。

是的，下定决心才能让我们在"关键时刻"站稳脚跟，只有迅速下定决心、立即行动的人，才能知所取舍，赢得成功。

太平洋上的珊瑚环礁，是美丽的观光胜地。海鹰号的水手们心旷神怡，伯爵一面老练地操纵海鹰号，轻灵地避开水下的礁石，一面愉快地和水手们计划在前面的无人岛上来一次烧烤大会，享受美好时光。

水手们一同欢呼起来，也许就是这阵欢呼，惊醒了一个睡在海底的"恶魔"，它在两千米深的海底，已经等待海鹰号好久了。就在这时候，平静的海面忽然发出一阵疯狂的喧嚣，剧烈地震荡起来，一道巨浪腾空而起，从前面直奔毫无戒备的海鹰号。

伯爵惊魂稍定，连忙调整海鹰号的方向，往后行驶，还不忘嘱咐水手们将大部分食物、设备等物资扔出去。但是海浪越逼越紧，一道二十米高的海浪把海鹰号高高抬起，然后重重地抛上了礁盘。伯爵马上意识到自己的船已经不可救药——海鹰号的龙骨已经在这一击之下断成了两截。龙骨如同人的脊梁骨，属于致命伤，伯爵果断地命令水手们弃船潜水。

要知道，这是一条纵横万里的袭击舰，水手们对它喜爱极了，他们舍不得丢下它，寄希望于海浪过一会儿可以消失。伯爵见此，以严肃的口吻命令道："准备跳海，立刻、马上！"并率先跳了下去。

所有的人员都转移到了无人岛，这里虽然无人，但是物产丰富，饿是饿不死的。而且，幸运的是，在这场灾难中人员无一伤亡。要知道，他们遇到的是一次剧烈的海底地震，无一伤亡的战绩既空前，恐怕也将绝后。

快速下定决心、果断采取行动的人，往往会在重大问题面前把握好"关键时刻"。诚然，这样做会犯一些小的错误，但是即使犯些小错误，也不会给大的事业带来严重的打击。并且，以小换大，总比那些犹豫不决、错失良机的人好很多。

所以，我们要在该做决定的时候做决定，不能让机会白白地溜走。现在，你知道了吗？以后还会犹豫不决，让机会从眼前溜走吗？

06.　人生没有这么多的"如果"

生活中，我们常常可以听到人们这样或那样的抱怨和感叹：如果可以，我希望回到童年那无忧无虑的时光；如果可以，我一定好好学习所有的东西，打造一个完美的自己；如果可以，我一定珍惜曾拥有的一切，不致失去后才知道它的美好；如果可以，我一定会选择一个新的起跑点，开始一段新的人生；如果可以……

生命不会再来，人生没有如果。我们需要承认这样一个事实：人生根本没有如果，也没有假如，有的只是继续。我们都知道西楚霸王项羽，他似乎在一夕之间就面临四面楚歌、国破家亡、自刎乌江的现实，命运好像和他开了个玩笑。假如他能够回到从前，那么在鸿门宴上肯定不会再对刘邦心软……可是，"花有重开日，人无再少年"，这些都是不可能再重来的。

我们常常说"开弓没有回头箭"，没错，人生的许多过程不能刻意寻找，也寻找不来。如果不能把自己从另一个想象的"如果"中抽出来，那么除了劳心费神、分散精力之外，还可能再遭遇到更大的不幸。

有一位妇人，她在上街的时候，不小心丢了一把雨伞，就因为这一件小事情，她一路上都十分懊恼，还不停地责怪自己："我怎么如此不小心，如果我多留点心的话，如果我当初不拿雨伞的话，或许雨伞就不会丢了……"

等回到家之后，这位妇人才发现，由于太专注自己已经丢失的那把雨伞，在仓促与不安中，居然又不小心把自己的钱包也弄丢了，她后悔地说："如果我那会儿不那么关注雨伞的话，我……"

禅学里讲，"境"由"心"生，"境"由"心"灭。生活中，我们绝大多数人"境"灭了"心"却不灭，境况转变后，心中还在念念不忘，因此就有了刻舟求剑、守株待兔这样荒唐可笑的故事。

不过，话又说回来，假如这世上真的有"如果"，我们的生命也可以从头再来，那推翻当初所选择的道路，又会迎来另外一个新的岔路口。这样，我们所面对的又是一个不同的境遇。所以，把心打开，才是赢得未来的保障。

《蝴蝶效应》是一部著名的美国电影，这部电影有着最精妙的一个构思——男主角埃文具有穿梭时空的能力，这为他提供了可以反悔的机会，他决定要用这项能力，回到过去修正已经发生过的事实。

然而，埃文一次次跨越时空的更改，只能越来越招致现实世界的不可救药。一切就像蝴蝶效应般，牵一发而动全身，出现了防不胜防的意外。他挽救了心爱女友凯丽的生命，但却失手打死了凯丽的弟弟汤米，导致了自己的牢狱之灾。他回到了爆炸的那天，将靠近信箱的母子扑倒，自己却变成了失去双臂的残疾人，母亲因此染上了烟瘾，得了肺癌，而凯丽则成了别人的女友……

要知道，虚构的妄想只能停留在幻想里，或者停留在影片中。电影告诉我们，其实如果真的有"如果"，我们真的可以选择另外的人生，那么一切也都并不如我们所想象的那般美好。因为人生不可能停留，主客观的情势都在不断地变化，此人已非彼人，而此时更已不是彼时。

所以，我们说人生不可假设。在我们的生命里，不存在"如果"这个问题，只有坦然面对和接受，将"如果"改成"下一次"，这才是最坚强的、也是最为聪慧的做法。

怀揣着一份创业的梦想，许琪靠着几年工作一分一厘攒下来的积蓄，又从朋友那里筹借了点钱，开办了一家广告工作室。许琪原本以为自己在公司做到了创意总监的位置，策划、制作广告的能力很棒，开办公司不成问题，可谁知业务并不好做。

许琪不停地去跑业务，但由于欠缺销售知识，半年来没有拉来一次业务，用钱的地方又非常多，结果将所有的存折和现金加起来也不足五千元了，最后他只得把工作室关闭了，又重新找了一份广告类工作，从基层做起。

这时候，朋友们都替许琪惋惜："如果当初你在原来的公司踏踏实实地工作，老老实实地做你的创意总监多好啊，哪会落到现在这个地步"、"现在后悔了吧，如果再回到过去，你是不是就不会做出开办公司的糊涂决定呢"……谁知，许琪不以为然，他说道："人生没有如果，我不后悔当初的决定，后悔也没有用，我只是知道了下一次要是再开办公司的话，我一定要提前学习一下业务知识。"

两年后，许琪再一次辞掉稳定的工作，开办了自己的工作室。已经熟悉业务工作的他，做起业务工作来毫不含糊，经过两年的艰苦奋斗，如今这个小小的工作室已经摇身一变成为"许琪广告公司"，注册资金100万元。

每当有亲朋好友问到许琪这几年的创业经历时，他总是淡淡一笑，意味深长地感慨道："生命的价值是要靠自己去改变的，当你做出选择的时候，你就要承担起对它的责任，因为生命只要求你相信你自己，而不是'如果'。"

机会只有一次，生命没有如果，错过了就是错过了，人生不会给任何人开小灶！所以，我们只要认识到这一点，让自己由"如果"的虚幻走向真实，有勇气"相信我能"，那就能获得人生的幸福。

因此，我们要记住：对于人生来说，最大的障碍就是"如果"！只有把"如果"去掉，改说"下一次"，这样才能阻止"如果"的事故继续延续，才能使自己收获生命的璀璨。

07.　不要做想象中的成功者

生活中，不乏这样的人，他们躺在床上想象着自己多么成功，未来取得了多么伟大的成就。这些人只知道想象，却从来不知道把这种想象付诸行动。要知道，任何一个有成就的人，都有勇于尝试的经历。因为尝试就是探索，如果没有探索，那么也就没有创新，而没有创新就不可能会有成就。所以，一个整天处于想象中的人，是不会有绚烂精彩的人生的。即便有，那也只是在他的梦里。

有人说过这样一句话："勇于尝试，那么在某件事上栽跟头可能是预料之中的事；但是，从来没有听说过，任何坐着不动的人会被绊倒。"诚然，敢想敢做的人，必然会经历一些挫折，但是那些没有勇气去将自己所想的付诸行动的人，是永远都体会不到打拼过程中的乐趣的。要知道，受到一定程度的挫折也是自己的一笔宝贵财富。因此，要想取得成功，那就需要把自己的所想付诸行动。

生活中，每一个成功者都有这样三个共同的特点：一是敢想，二是敢做，三是能做。敢想并不是指天马行空地乱想，而是要根据现实的情况，给自己定下一个明确的目标；敢做也不是指违法乱纪，不择手段，而是指一种坚持、执着的态度，不达目的不罢休的韧劲；而能做则是指只要愿意，就努力地前进。

提到私人包机，我们就不得不提一个人，他可谓是我国私人包机第一人。1991 年春节前夕，他还是一个公司地方办事处的主任。当时他因为要赶回家过年，买不到火车票，就与几位同乡包了一辆大巴车回家。

回家是一条山路，这条路不好走，大巴车在 1200 多公里的漫长山路上颠簸前行。这时，他就随口感叹了一句："哎，汽车真慢啊！"旁边的一位老乡听到后，挖苦他道："哦，飞机快，那你包飞机回家好了。"说者无心，听者有意，这样一句在别人眼里是讥讽的话，对他而言却如同当头棒喝。这位爱思索的年轻人开始反问自己："现在土地可以承包了，汽车也可以承包了，那为什么飞机就不能承包呢？"

身为打工仔的他决心大干一番。在漫天的白眼纷飞中，这个年轻人义无反顾地踏上了"包机"的道路。他先是独自一人筹划了很长一段时间，然后又进

163

行了长达八九个月的走访、市场调查和跟有关部门的沟通。

首先，他说服了地方的民航局：他觉得他工作的地方到家乡的航班客源充足；当前至少有 1 万左右的家乡人在他工作的城市做生意，并且这些生意人把时间看作金钱，也把精力消耗列作一项经营成本。不过，民航局还是有些担心经营的风险。为了打消民航局的顾虑，他采用了"先付钱、后开飞"的合作模式，他说："我先把几十万元钱押给你们，也就是说每次先付钱，然后再飞，这样你们就可以'旱涝保收'了。"他的一席话终于打动了民航局。

后来，在跑了无数个部门、盖了无数个图章后，他设计的航线包机终于通航了。伴随着一架"安 24"型民航客机从他工作的城市起飞平稳降落于家乡机场，这个国家民航的历史被一个小小的打工仔改写了。随后，全世界各大媒体竞相报道，称此举是这个国家民航扩大开放迈出的可喜的一步。

后来，他这样说："通航的那天是我生命中最重要的一天，我的人生道路因此改变了！如果说人生是个大舞台，那作为一名演员的我，面试合格，成功地上演了一出精彩的戏剧。"

在当时，这个人的想法还被人们看作是白日梦。不过，他并没有让自己的理想止于想象，而是积极地把它变成实际的行动。于是，他成功了，也成为了轰动一时的焦点人物。

20 世纪 80 年代，英国牛津大学物理系博士迈克在学校从教时，总有公司请他帮忙推荐一些物理人才。后来，迈克敏锐地意识到，出租的前景一定非常广。可是，这样的想法一直存在于他的脑海里，他不知道要建立哪种类型的企业。

为此，迈克特意做了一些调查。他发现市场上的出租行业十分兴旺，有出租房屋的，有出租服装的，有出租车辆的……几乎无所不包。这时，迈克发现：出租人才的业务尚未被人们发现，如果我能办一家这样的出租公司，那些需要我推荐专才的公司就可以解决问题了，而且我也可以从中受益。

于是，迈克成立了一家人才出租公司。他在伦敦租了一间办公室，接着又雇佣了几名员工，就这样一个简单的人才出租中介成立了。迈克为了让人们知道这个独特的中介机构，就在报刊上登出了广告："人才支援公司征求和出租各类专业人才，服务时间长短均可，诚信服务，欢迎惠顾。"

该广告刊登后，很多的人才、专家纷纷到他们这里进行注册，有工作的人愿意在业余时间做些兼职工作，有的失业者则希望能通过这个机构找到满意的工作。迈克高兴地将这些应征者的情况逐一详细地登记，并且告诉他们回去等待聘请通知。广告刊出后，自然迎来了大批需要专业人才的企业，它们纷纷前来租用专业人员。于是，迈克的这项业务很快开展了起来。

迈克就是因为想象，然后果断采取行动，最终成立了首家"人才支援公司"。如今，迈克的公司资产已经上亿，而迈克也一举成了轰动一时的成功创业者。

鲁迅先生曾说过："其实地上本没有路，走的人多了，也便成了路。"敢想敢干是成功的先决条件，可见，鲁迅先生十分赞赏"第一个吃螃蟹的人"，以及那些在人类前进道路上披荆斩棘的人。所以，我们不仅要善于想象，更要把所想的变为实际行动。只有这样，我们才有更多的机会创造灿烂的人生。

08.　勇于肯定自己，人生没有迈不过去的坎

很多时候，我们由于一时的过错，会多次摔倒、被击垮，甚至摔得支离破碎。这个时候，我们不必灰心丧气，觉得自己一文不值，而应当要一如既往地相信自己、肯定自己。

之所以要这样，是因为假如我们能够肯定自己，那么我们的身上不管发生多么大的事情，我们都不会丧失自我，进而可以充分发挥自己的潜能，让人生再度创造辉煌。

因此，美国联合保险公司董事长克里蒙·史东说过这样一句话："要去除内心的迷惘，就一定要肯定自己。"

他还说过："真正的成功秘诀是'肯定人生'四个字，如果你能始终肯定自己的价值，以坚定而乐观的态度，去面对一切困难险阻，那么你一定能从其中得到好处。"

克里蒙·史东自幼丧父，因为早早地体恤母亲持家的辛苦，他从小便懂得以外出打零工来补贴家用。从小，克里蒙·史东便有极强的进取心，遇到困难从不唉声叹气，也从不叫屈，他始终相信自己的能力。

有一次，当克里蒙·史东走进一家餐馆准备向客人叫卖报纸时，却被餐馆的老板赶了出来，还在他身上狠狠地踹了一脚。对此，他只是轻轻地揉了揉屁股，他安慰自己说："我是最棒的，反正做了又没什么损失！"便又拿起手中的

报纸，再次向在场的客人叫卖。因为客人看他勇气十足，便纷纷劝请老板给他行个方便。于是，克里蒙·史东那天虽然被踢得很痛，但是口袋里却装满了钱。

中学的时候，克里蒙·史东开始投入保险行业。刚开始，他所遇到的困难与自己当年卖报的情况一样，他依然安慰自己："我是最棒的，反正做了又没什么损失！"于是，他便鼓起了莫大的勇气，一次次地走进城市的一间又一间的办公室中。

终于，克里蒙·史东卖出了一份又一份的保险。在他22岁那年，他便成立了一家自己的保险经纪公司。开业的第一天，他就在繁华的大街上卖出了第一份个人保险，接下来他又创下每4分钟交一份保险合同的奇迹。

克里蒙·史东正是因为勇于在磨难和挫折面前作自我肯定，才能取得如此大的成功。所以，不管时境如何变迁，我们只要不轻易否定自己，就不会败下阵来，也就不会在跌倒之后站不起来。

我们再来看一个故事：

乔·吉拉德，1928年11月1日出生于美国底特律市的一个贫民家庭。为了生计，9岁时他就开始擦皮鞋、做报童。到1963年1月为止，乔·吉拉德是个全盘的失败者，他换过40个工作仍一事无成，甚至曾负债高达6万美元。

但是，偶然的一次演讲会改变了乔·吉拉德的命运。

在演讲会上，一个演讲者拿出一张崭新的10美元钞票，问道："你们想得到这张10美元吗？"

一贫如洗的乔·吉拉德当即举起了手臂说："想要！"

演讲者又说："我会将这10美元给你的，但是在给你之前我一定要将之弄一下。"说着，演讲者就把那张钞票揉皱了，接着问乔·吉拉德："先生，你看这张钞票已经如此破旧了，你还想要吗？"

乔·吉拉德又一次高高地举起了手臂，并坚定地说道："要！"

"好吧，"演讲者继续道，"我要是这样弄它呢？"演讲者又将那张钞票丢到地上，又用脚使劲地踩。当它再次被捡起来时，已经变得又皱又脏了。"现在你还要吗？"演讲者又问道。

乔·吉拉德想了一下，仍然说："要！"

"好啦，不管我如何虐待这张钞票，你仍然还想要。因为你也知道它虽然表面上看起来很惨，但是它的价值却没有减损，它依然还值 10 美元！"演讲者轻轻地笑了，温和地对乔·吉拉德说。

乔·吉拉德当即就领悟了，充分认识到了无论遇到什么困难，只要你肯定自己的价值，你就是自己最大的财富。紧接着，他进入了一家汽车公司做销售员，花了 3 年时间扎马步，让人生演出大逆转，连续 12 年成为美国通用汽车零售销售员第一名，甚至成为"世界上最伟大的推销员"。

乔·吉拉德的衣服上通常都会佩戴一个金色的"I"字。有人曾经问他："这个字是不是表示自己是世界上最为伟大的推销员？"他回答说："不是的，因为我是我生命中最为伟大的！"

我们都是平凡的人，没有人拥有超人的能量。但是，如果你拥有肯定自己的自信的态度，相信天生我材必有用，那么你就是一个成功者。请记住，平凡的是我们的位置，而不是我们的心。无论我们是谁，做什么事情，首先要肯定自己，这样就能发现自己比想象的更优秀、更有能力、更成功。

不是有人这样说吗：太阳和月亮虽然光彩，但星星也为天空增添了一分光亮；牡丹花固然尊贵，但空谷中的野百合却也有美丽的春天。

总之，在漫漫的人生路上，我们只有肯定自己的价值，才能散发出钻石般耀眼的光芒，也才能够跨过人生的每一个坎，摆脱掉人生的每一个困境。

09. 若想增加成功的砝码，别给自己留退路

生活中，很多人在前进的时候，都为自己想好了退路，并且还沾沾自喜地认为这是一种明智的行为。他们认为：这是未雨绸缪嘛，如果事情万一失败了，也不至于彻底被击倒，总还有个地方能容得下自己。

诚然，如果事先给自己留好退路，那就可以减少失败的心理压力。但是，不要忘了，每个人都有惰性，都有抵御不住的诱惑。假如给自己留有后路，那势必会削弱勇往直前的冲劲。一旦遇到困难就会想着，"没事，我还有退路呢"，如此不仅不能成为成功路上的助力，反而还会变成绊脚石。

军事家孙武曾说过："置之死地而后生。"的确，在这句话的指引下，项羽横渡漳河大败秦国30万人马，李靖孤战伏俟城横扫吐谷浑，从而开启了一代英雄的伟大人生旅程。

那么，为何会出现这种情况呢？这是因为，人的潜力是有弹性的。往往当遇到困难时，不给自己留后路是一种决绝的积极。对生活的态度越积极，对人生的挑战越勇敢，就越能找到最佳的心态和定位，从而使自己的力量变得更强。在现实生活中，或许没有后路的境况来得更加实在。当命运赋予我们无力承受的委屈和苦楚，以至于没有第二个选择的时候，这也是给了自己一个向生命高地冲锋的机会，给了自己一个成为强者的机会。

10年前，一位叫陈明甄的重庆女孩，由于高考失利，最终无缘"象牙塔"。

她的父母觉得女儿是没考好主要是没发挥好，复读一年再考肯定没问题。但是，陈明甄没有接受父母让她复读的建议，而是只身前往福建厦门打工，不久后她在一家贸易公司做了业务员。

由于勤奋努力，又加上头脑灵活，几个月之后，陈明甄就取得了比大多数同事都好的业绩，深得领导的器重。碰巧赶上业务部经理要借调到分公司任职，而陈明甄就顺理成章地坐到了部门经理的位子上。这一干，又是两年过去了。通过几年的打拼，陈明甄在自己所从事的行业中站稳了脚跟，有了一份让别人羡慕的生活。

到了2006年初，陈明甄的一个朋友想约她一起创业，而且要回老家重庆，因为那个朋友也是重庆的。经过一番深思熟虑，陈明甄决定放弃目前看起来不错的工作。离职时，她这样跟老板说："老板，您当年也走过这样的一条路，所以才有了今天的成绩。所以，现在的我，也要拥有那种破釜沉舟的勇气，打造一段属于我的人生！"陈明甄的话感动了老板，老板欣然应允，让她回家乡创业。

到重庆后，陈明甄一天没有休息就开始寻找投资项目，终于在一名贵人的扶持下，陈明甄建立了一家网络传媒公司。公司里繁杂事务的忙碌并没有让陈明甄忘记给自己充电。她一边经营公司，一边在当地一所大学进修广告学。曾经期待中的美好感觉还未出现，公司经营中的各种问题却接踵而来。不到半年，她的网络传媒公司亏损严重，陈明甄也觉得筋疲力尽，甚至开始后悔自己当初的决定，打算放弃看不到光明的网络公司。

但是，经过半个月的休息和调整，那个打不垮的陈明甄又回来了。她想：既然自己喜欢广告这个行业，就应该不留退路地走下去！于是，她重新振作起来，先后到几家广告公司挂职学习。最后，陈明甄倾尽所有家资，在2010年10月，再一次创办了一家广告传播有限公司。这一次，她汲取曾经的经验，也吸收了曾经的教训，很快经营稳步进行，她的公司逐渐在同行业中站稳了脚跟。每当开公司例会，陈明甄看着朝气蓬勃的职员，常会感叹："要想真正的获得成功，你就应该破釜沉舟、不留退路地走下去！"

生活中，诸如这样的创业故事太多了。因此，我们所要知道的是，成功的道路从来都不是一马平川、无限光明的。我们只有无条件地相信自己，认准目标就勇敢前进，才能在巨大的困难和挫折面前迎头抗击，拼尽全力地奋斗下去。

这就像那句话说的一样："没有一件事比尽力而为更能满足你，也只有这个时候你才会发挥出最好的能力。这会给你带来一种特殊的权利，以及一种自我超越的胜利。"

没错，成功的人都是逼出来的，只有把身后的道路斩断才能在前方寻找到出口。因此，我们在做一件事情时，只有勇敢一点，果断一点，让自己全力以赴、坚定不移地向着目标迈进，才能收获最终的成功。

第七辑

给僵持多一点温暖：
用包容面对世事，没有打不开的心结

在人与人的交往中，难免会遇到矛盾，当双方互不相让时，就会形成僵持局面。僵持久了，就会对生活造成影响。其实，僵持是很容易就能打破的，有时候只需一句暖心的话。当然，打破僵持最主要的就是要有一颗包容之心。俗话说，退一步海阔天空，当对方不肯相让时，你何不主动后退一步？

01. 只有无争才能无祸，只有无祸才能无忧

大千世界，芸芸众生，我们每个人都是鲜活的个体，而我们每个人又都是独一无二的，是任何一个人都无法替代的。很多人把自己比作一块块棱角分明的石头，而把自己在社会中的历练归结为接受水的洗练，等到洗练过后，我们才会变成光润如一的鹅卵石。

其实，我们远没有想象中的简单，因为每个人的性格、经历、观念等，都不尽相同，这就使得矛盾的产生变得不可避免。矛盾产生，就是一种人性的放大，而起因则是鸡毛蒜皮的小事。

矛盾必然会导致争辩，而争辩则必然会导致两个人针锋相对，互不让步，但是这样的做法只会放大矛盾，本来可以小事化了的矛盾，最终变成了不可调和的矛盾。

杨华不仅能诗善文，还善于辩论。拥有如此好的能力，他的生活应该过得很好，但事实却并非如此，他不太受朋友的欢迎，工作总是碰壁。要说他为什么不招人待见，主要是因为他是一个爱较真的人，凡事都要争论个明白。

杨华曾经当过林场的管理员，不过他因为林场树木砍伐的问题与领导发生争执，被辞退了。失去工作后，他在某房产公司从事一份销售楼房的工作，如果对方挑剔他卖的楼房，他便立刻涨红脸大声争执。工作两个月了，一份单子

都没有卖出。对此，杨华很不理解："在和客户辩论中，我常常说服客户，可是客户为何还是没有买？"

这天，杨华与几位朋友一同去参加一位朋友的婚礼，席间司仪说："在座的朋友都知道，新郎、新娘是名副其实的'青梅竹马'，在这里我给大家解释一下这个成语的来历：相传宋代有个著名的女词人李清照，她与她的丈夫赵明诚自小相爱……"

司仪的解释显然是错误的，但是在场的人出于礼貌，谁也没去说破。但是杨华却忍不住，他站起来，大声在台下说道："嗨，你说错了，'青梅竹马'怎么可能出自李清照呢？这个成语是李白写的……"

"真的吗？"顿时，那个司仪脸上红一阵白一阵，但是对方又是个嘴硬的人，接着说，"这位先生，您说是李白写的，有什么证据吗？"

杨华得意地说："当然有了，这个成语出自李白的《长干行》……"

这样一来，司仪面子尽失，场面顿时也冷清了许多。

这时候，新郎将杨华叫到一边，很不高兴地说："这位司仪是来帮忙的，无论是李白还是李清照有什么关系呢？这是结婚啊！又不是学术辩论会，你跟人家较什么劲呀！平时大家都不愿意与你交往，就是这个原因……"

何以息谤？无辩。这是佛法中的一段经典对答。想要让矛盾停歇，最重要的不是去用你那渊博的知识和优秀的口才来为自己辩护，而是要让这件事如大风吹过，随风散去。如果我们总是像杨华一样，对任何事情都据理力争，那么，这些强势的争辩将会阻碍我们前行的道路。

世界上很多事情远没有我们想象的那么简单，当我们脸红脖子粗地跟人去争论的时候，我们要想自己是为了什么，难道真的是想要解决问题吗，还是想证明自己的强大，说得不好听点，就是为了自己的面子？

为了面子去和人争辩，去得罪人，这无疑会将我们推到风口浪尖。当大风大浪袭来时，就算我们想要抽身而退，也是不可能了。

与其情绪上涌，脾气出现，不如让自己糊涂一些，淡然一些，这样，就算矛盾再尖锐，我们也能让自己冷静下来，把矛盾化解掉。有句谚语这样说："如果无知是福，那么愚蠢就是聪明了！"这里的"愚蠢"，其实就是我们常说的不必过于计较，适时糊涂一下。它看似蠢笨，实则是一种宽广、一种包容、一种历经沧桑的成熟。

有一天上午，一个年轻人怒气冲冲地来到了某宾馆的经理室，他指着经理说："你就是经理吗？我在你们宾馆摔伤了腰，你们的地板那么滑，怎么不做好防护措施呢？这样太危险了，我需要你们马上给我治疗。"

看着这位怒气冲冲的客户，经理依据自己的经验判断他的腰没有什么大问题，但是他还是很客气地说道："实在是很抱歉，您的腰不要紧吧，我马上为您联系医务室，给你做一下检查，请您稍坐一下。"

年轻人坐在椅子上继续抱怨着，宾馆经理看他的情绪已经稳定下来，便温和地说："医务室已经帮您联系好了，我这就带您去。不过，进入医务室需要专用的鞋子，现在请您换上这双鞋吧。"

当这位年轻人走出办公室以后，经理悄悄地把他换下来的鞋交给一位服务员，并吩咐她说："这双鞋的后跟已经磨薄了，你赶快把它送到楼下修鞋处给换上橡胶后跟，在我们回来之前必须送回来。"

果然，检查一番后，这位年轻人的伤并无大碍，此时他的情绪也完全冷静了下来，他也觉得自己刚才太莽撞了，解释说："地板滑实在是太危险了，我只是想提醒你们注意，没有别的意思。"

经理友好地笑了笑，说道："谢谢您的好意，以后我们一定会提醒顾客注意的，也会改进我们的工作。好的，这是您的鞋，很冒昧我们擅自修理了您的鞋，因为鞋后跟已经磨薄了，这样很容易滑倒的。"

年轻人有些不好意思地接过鞋，穿上后非常的高兴，他感激地对经理说："实在是太感谢了，对于您的关怀我是不会忘记的。"从此以后，只要这个年轻人来到这个城市，肯定会在这个宾馆住宿。

让矛盾过去一秒钟，时间也会向你微笑。这位宾馆经理是一位非常睿智的人，他明知道年轻人之所以滑倒是因为他的鞋跟磨得太薄了，但经理并没有急着与对方争论，而是带着年轻人去医务室检查，派人把年轻人的鞋底修好，然后等年轻人的心完全平静下来之后，才告诉他滑倒的真相。这样的不争，既保留住对方的尊严，又让他对自己心生好感，从而为宾馆留住了一位回头客。

维护了别人的面子，就等于自己收获了面子。如果刚一开始，这位宾馆经理发现年轻人之所以滑倒是因为鞋底已经磨薄了，急于与对方争辩一番，即使最后对方承认了自己的错误，恐怕也会对这位经理失去好感和信任，更不可能再次入住该酒店了。

"水至清则无鱼，人至察则无徒"，如果我们心存宽容，能够容纳和理解世上的对错、是非，那么自然可以避免许多烦扰。没有烦扰的介入，我们的内心自然也能够获得平静和快乐，活得从容淡定了。

02. 不拿别人的错误惩罚自己

人都有趋利避害的本能，都希望能够对自己好一点，虽然很多人都明白这个道理，但有时人们还是难免会用别人的错误来惩罚自己。

人生由不得自己操控，总有一些"意外"，有时并非我们自己的问题，但有的人却难以抑制愤怒，恨不得将一切都毁掉。既然事情已经发生了，你愤怒也好，伤心也罢，都不能改变事实，反而会让自己失去该有的理智，还会伤及自己的内心。

面对他人的错误，我们不如弱化它所带来的不良影响，而致力于解决眼前的问题，这样你才能让事情回归正轨。

有一次，拿破仑得到消息，说他的外交大臣塔里兰勾结外敌密谋造反，于是他匆忙地从西班牙赶回来，回来后立即召集所有大臣，心想：我一定要揭穿塔里兰这个家伙，要狠狠地数落数落他，让他回心转意。

在会上，拿破仑一看到塔里兰就压抑不住心中的怒火，他不管周围的其他大臣们，只是愤怒地看着塔里兰一个人，恨不得用自己眼中的怒火将塔里兰化为灰烬，可是塔里兰却没有任何的反应。

这时候，拿破仑再也控制不住自己的情绪，走近塔里兰说："有些人希望我马上死掉！"塔里兰的确在密谋造反，但他深知拿破仑的性格，他想故意激起拿破仑的怒气，让他发火，从而让他失去领导者的权威，所以依然没有任何异常的举动，只是用疑惑的眼神看着拿破仑。

终于，拿破仑的怒火像火山一样喷发了，他冲着塔里兰大喊："你的权力是我给的，你的财富也是我给的，你竟然背叛我，你这个忘恩负义的家伙，没有我你什么都不是，你不过是一团狗屎，我再也不想见到你。"说完他就甩袖而去。

塔里兰依然镇定自若，等拿破仑走后，他才站了起来，一脸平静地对大臣说："我们伟大的皇帝今天是怎么了？他为什么对我如此暴躁，我可没有做什么对不起他的事情。或许，是他心情不好才会这么没有礼貌。"

看到这样的场景，大臣们觉得拿破仑开始走下坡路了。拿破仑的怒气，让他失去了一个领导者应该有的权威和度量，影响了人们对他的支持，最后他居然丧失了主宰大局的权力，从而让塔里兰的阴谋得逞了。

永远不要在情绪上涌的时候做出决定，拿破仑就是如此，他为解心头之恨，对塔里兰大发雷霆，进而失去了一个领导者应该有的权威和度量，不但没有激起大臣对自己的忠心，反而引发大臣们焦虑不安，导致自己处于孤立无援的境地，权力也因此而风雨飘摇。

对待朋友要有春天般的温暖，不管朋友是处在高位，还是处在低谷，我们都要保持一颗慈悲的心，不要让情绪成为我们人际关系上的绊脚石。别人犯的错误是他们自己的事，他们必然能够找到解决自身问题的方法，如果我们总对别人的错误耿耿于怀，那么，我们就无法静下心来去做自己的事了。

不要活在怨怼里，要学会释然，错误的产生是必然的，但是我们要知道，知错能改，善莫大焉。犯了错误，只要对方愿意改正，我们就不必介怀，毕竟我们不是圣贤，都会犯一些错误。

当别人犯错误时，有人会不分青红皂白，大肆渲染一番，直到把对方推到悬崖边上也不肯收手，如果是这样，我们身边怎么还会有真正的朋友呢？

与其拿对方的错误来惩罚自己，不如先完善自己，先让自己的内心安定下来，这样，我们的视野才会变得更开阔，而我们的内心也将会因此变得更加强大。

一切都是过眼烟云，当我们看重的时候，它们就会像罗网一样，束缚住我们；当我们看淡的时候，它们也就会自然消失了。多包容，多释然，人生才会变得瑰丽多姿。

一个大庄园里有十几个长工，长工们闲来无事常常坐在一起开玩笑，有时玩笑过火了就会起冲突。很多时候，冲突过后他们谁也不搭理谁，还会将怒火发泄到工作中去，结果将农田弄得一团糟。

有这样一个人，每当他和别人发生争执生气的时候，他便以很快的速度跑回家去，绕着自己的房子和土地跑3圈，跑得气喘吁吁，然后再回来继续工作，就像什么事情也没有发生过一样。

这样的次数多了大家都很好奇，询问这个人这到底是怎么一回事，他每次都笑而不答，众人也理不出头绪。由于他鲜少与人结怨，又踏实能干，薪水涨了又涨，房子越来越大，土地也越来越广。但不管房子和地有多大，只要与别人争论生气时，这个人还是会绕着房子和土地跑3圈。渐渐地，他很老了，但他还是会生气，一生气他还是会拄着拐杖，艰难地绕着房子和土地走。

有一次，这个人又生气了。当他在孙子的搀扶下，拄着拐杖绕着房子和土地，喘着气走完3圈时，孙子终于憋不住了，恳求地说："爷爷，明明是对方的错，您为什么要这样惩罚自己呢？您可不可以告诉我这个秘密？"

禁不起孙子的苦苦哀求，这个人终于说出了隐藏在心中多年的秘密。他说："我这不是在惩罚自己，而是解脱自己。我一边跑一边想着自己的房子这么小、土地这么少，哪有时间、哪有资格去跟人家生气呢？等跑完了，我心中的怒火就消失得无声无息了，于是我就把所有时间用来努力工作了。"

孙子又问道："您现在年纪大了，又变成了最富有的人，为什么还要绕着房子和土地走呢?"

　　这个人笑着说："因为我现在还是会生气，所以生气时还是要绕着房子和土地走3圈。我边走边想：我的房子这么大、土地这么多，我还跟别人计较什么呢?一想到这里，我的气就消了。"

　　其实，人生没有多大的哀愁，但当哀愁多了，我们就会不断地抱怨着，就算我们感到快乐，也会被哀愁所冲淡。当我们总在嘴边提起哀愁，哀愁就会以几何级数增长，最后，哀愁就无法消除了。同样地，如果我们每天快乐一些，对不愉快看得淡一些，那么，我们就能离心胸宽广更近一步。

　　别人身上发生错误了，为的是避免让自己犯同样的错误。只有找到自己错在了哪里，才能让自己下一次做正确。如此一来，气也消了，智慧也增长了，这就是不生气的秘诀。

03.　一个人的生活是寂寞的，一个人的奋斗是孤单的

　　我们可以没有亲人，但是却不能没有朋友。生活中，我们要抛弃自私，因为自私只会让我们单兵作战，就算我们能够取得再大的成就，这其中的喜悦无法与身边人分享，我们也会觉得不快乐。忘掉自私，多与人分享，就算我们遇到困难，也会觉得无所畏惧。

　　人无朋友，必然会导致寸步难行。一个人的生活是寂寞的，一个人的奋斗

是孤单的，如果没有朋友的陪伴，我们的人生将会变得暗淡无光。放下成见，放下自私，我们才能看到更为广阔的天空。

曾经有一群年轻人，他们非常具有挑战精神，经常参加蹦极、攀岩等富有刺激性的活动。有一天，他们突然想挑战一下沙漠，于是，他们做好准备，带了充足的食物和水，走进了黄沙滚滚的沙漠。

沙漠的环境是非常恶劣的，一阵突如其来的暴风让这群人迷了路。随着时间一天天地过去，他们带的干粮和水逐渐减少。渐渐地，人们开始支持不住了，有的人饿死了，有的人渴死了，只剩下两个人相依为命。

又过了几天，这两个人仍然没有走出沙漠，正当他们迷茫无助的时候，突然发现了一个废弃的小屋。他们拖着疲惫的身子走进了屋内，惊喜地发现了一袋面包和一瓶水，他们决定吃掉这些东西来补充体力，再做最后的努力。

这时，这两个人开始争抢起来，甚至大打出手，结果一个人抢到了面包，另一个人抢到了水，他们谁也不肯让谁，谁也不肯分给彼此一点。结果可想而知，抢到水的人，饿死了；抢到面包的人，渴死了。

自私会使人通往失败的深渊，而协作则会带来发展。如果我们为了一点小事而争论不休，最后，两个人僵持不下，谁也不肯让步，那么，我们就会失去一个朋友，就会失去一个成功的机会。就像上面的两个人一样，都因为太过自私而失去了冷静思考的能力，最后，他们两人只能因为自私而葬身于滚滚黄沙之中。

朋友之间，贵在交心。我们要做的就是放下成见，和朋友甘苦与共。如果我们的内心总是充满自私的色彩，那么，就算朋友是真心对我们好，我们也会曲解为这些"好"是糖衣炮弹。

路行窄处，留一步让人行。滋味浓者，减三分让人尝。朋友之间，摩擦是不可避免的。如果我们无法正视这些摩擦，任其放大，那么小摩擦就会变成大误会，而我们也会因此失去了朋友之间的最珍贵的友谊。

在明朝时期，有一个名叫董笃的人，他因科举高中而在京城做官。突然有一天，他收到一封来自他母亲的家书。他母亲在家书中写道："现在家里有钱了想翻盖房子，咱家的墙占的本身就是咱自家的房基地，可是邻居胡搅蛮缠，说咱家的墙占了他家三尺房基地。你回来吧，给咱家主持公道。"

董笃知道母亲素来贤惠，很少和别人发生争吵，平时的邻里关系也非常好，邻居们对他们也非常照顾，这次他们吵起来，很可能是因为都在气头上，于是就回了封家书说："千里捎书为一墙，让他三尺又何妨。万里长城今犹在，不见当年秦始皇。"

母亲一看儿子的家书明理，心想：邻里之间让他一面墙的地方又有什么大不了的？于是立即把墙主动退后三尺。而邻居家见此情景，深感惭愧，觉得董笃的母亲让了自己的地，也马上把墙让后三尺。

就这样，董笃家和邻居家的院墙之间就有了一条六尺宽的巷道，成了有名的"六尺巷"。后人因此常说："争一争，行不通；让一让，六尺巷。"后来，这两家和睦相处，成为邻里关系的千古佳话。

打破矛盾的围墙，找到真正能使友谊之花盛开的土壤，我们才能静下心来播种，才能让鲜花生长，才能让花香溢满心田。让掉一墙的距离，与朋友方便，就是与自己方便，只有这样，真正的友谊之花才会在我们心底绽放。

来而不往非礼也，你怎样对待朋友，朋友就会怎样对待你。人是有感情的动物，当你在朋友危难之际对其伸出援手，朋友就会永远记得你的恩情；当你在朋友快乐的时候和他分享，你自己也会因此变得快乐。

很多朋友出现矛盾，是因为他们之间牵扯到了利益，正是这样的利益，使得他们关系僵化，最终变得势成水火。人生无常，心安则是归处，对待朋友，只要我们用心付出，无愧于心就可以了。宽容一些，朋友之间的关系就会和谐一些。

朋友之间，遇到问题就应该多想一想，不要盲目地做出决定，因为盲目，只会让我们做出后悔的决定，等到那时，朋友之间的关系就会破裂。我们不如把目光放得更长远一些，让自己的朋友越来越多一些，这样，我们才能看到更加光明的未来。

04. 清者自清，坦然面对别人的攻击

面对别人的攻击时，我们原来的心理平衡被打破，不免会情绪急躁，大动肝火，有时甚至和别人以眼还眼、以牙还牙。结果呢？大多是斗得两败俱伤，彼此间感情恶化，自己也很难有好心情，这又何必呢？

当面对别人的攻击行为，不能平静以对，甚至以暴制暴，那么这和攻击我们的人又有什么区别呢？就像有人说过："别人怎么做我们根本就不用理会，难道大街上有条狗咬我们一口，我们也要反过来咬狗一口吗？"

因此，当遭遇到别人的攻击时，与其情绪激动地与人争斗，反唇相讥，不如让自己保持一颗宁静的心，坦然自若地去面对。这样既能维护好内心的平衡，又能和风细雨地化解矛盾，进而赢得别人的赞叹，何乐不为？

在一条大街上，有一个古朴典雅的茶庄。虽然茶庄的地点较为偏僻，但这

里的生意却很是兴隆，每天来喝茶的顾客特别多。茶庄的一个服务小姐对顾客和颜悦色，说话轻声细气。但是，也有一些第一次来喝茶的比较粗鲁的顾客。

"小姐！你过来！你过来！"突然有一位顾客高声喊着，他指着自己面前的杯子，满脸寒霜地说，"看看！你们的牛奶居然是坏的，把我一杯红茶都糟蹋了！哎呀，真是的，你们这是什么茶馆呀。"

服务小姐愣了一下，随即微笑着说："真对不起，我帮您换一下。"

很快，服务小姐就把红茶和牛奶端了过来，杯子和碟子跟上一杯是一模一样的，放着新鲜的牛奶和柠檬。她轻声地说："先生，我能不能给您提个建议，柠檬和牛奶不要放在一起，因为牛奶要是遇到柠檬很可能会造成牛奶结块。"

顾客的脸刷地一下就红了，他匆匆喝完那杯茶就走了出去。这时候，其他的客人问那位服务员小姐说："明明是他老土，你为什么不直接和他说呢？他那么粗鲁地对你，为什么你还和颜悦色呢？"

小姐轻轻地笑了笑，回答道："正是因为他粗鲁，所以我才要用婉转的方式，因为道理一说就明白，又何必得理不饶人呢？理不直的人，常常用气壮来压人。有理的人，就要用和气来交朋友。"

在座的所有顾客都笑着点了点头，对这家茶庄又增加几分好感。从此，这家茶庄的生意也越来越红火，不是因为他们的茶有多好，也不是因为茶庄的规模有多大，而是因为茶庄的服务态度好，让人觉得舒服。

拥有一颗宁静之心的人，不管别人怎么攻击，都影响不了他们的情绪，更左右不了他们的生活，他们始终相信清者自清。能够以坦然从容的状态去面对人生中的各种诽谤和矛盾的人，是活得最快乐的人。

面对别人对你的语言攻击，只要你不生气就是最好的反击，如果加上微笑，那就更完美了。文学大师拜伦就曾说过这样一句话："爱我的我抱以叹息，恨我的我置之一笑。"他的这一"笑"，真是洒脱极了，有味极了。

俗话说"木秀于林风必摧之"，别人之所以攻击我们，很大程度上是因为我们比他优秀，能力比他强，他见不得"人好我差，人有我无"，进而导致了心理不平衡。因此，你又何必浪费自己的时间和精力，陪他一起寻找这个平衡的过程呢？

嫣然一笑，视若不见，充耳不闻，让别人去说，我们仍走自己的路，使这种攻击行为伤害不到你，拖不垮你，拉不倒你，挡不住你。这等坦然自若的作风怎能不像磁铁一般紧紧地吸引别人的目光呢？

由于工作出色，若茗进入公司不到三年就被领导提拔了，她从一个普通会计晋升为财会小组长。遇到这样的好事情，若茗心里自然是美滋滋的，上下班路上都哼着小曲，但是很快这种好心情就被破坏了。

有一个同事心里不平衡，觉得自己是老员工，凭什么这么好的机会让资历尚浅的若茗"捡"了。于是，对若茗的态度尖刻了起来，说话很不客气，有时还带着"刺"："有些人爬得真快，也不想想是谁在给她垫着背"……

听到这些，若茗自然明白对方所指，她很是气愤，但是理智控制了情感。办公室就几个人，她也不想搞得很僵，毕竟还要来往，而且自己也要发展和进步。于是，每当同事再对自己冷嘲热讽时，若茗都是嫣然一笑，继续埋头工作。

就这样，若茗顶着被否定的心理压力，不断地提高自己、完善自己，工作成绩越来越好，又一次次得到了领导的表扬。时间久了，这位同事也觉得若茗的工作能力的确比自己高出不少，也便不好意思再说什么了。

清者自清，用实力证明自己，才能和风细雨地化解矛盾。再者，一个能够在众人的目光下努力将自己变得越来越好，让众人望尘莫及的人，其心灵势必具有令人震撼的力量，令别人情不自禁地佩服和欣赏你。

当然，面对故意攻击也可以适当地反击，但应该讲究反击的艺术性。比如，幽默的方式为最佳。这样既可以表达自己的愤怒之情，有效地达到反击的效果，同时还表现出了自己的涵养。

在西方有这样一则趣事：有一天，德国大诗人歌德在公园里散步，遇到了一位曾反对自己的评论家。这条狭窄的过道，只能通过一个人。那位傲慢无礼的评论家头一昂，对歌德说："你知道吗？我是从来不让路给傻瓜的。"歌德连忙让到一旁，笑容可掬地说："我和你恰恰相反，请吧！"评论家十分尴尬，进退两难。

"我和你恰恰相反，请吧！"这句话表面上看似谦恭礼让，其潜台词是明显的："我正好有给傻瓜让路的习惯！"歌德以其人之道还治其人之身，巧妙地把"傻瓜"这顶帽子回敬给对方，言辞之巧妙、风度之优雅，无不令人拍案叫绝！

总之，千万不要因他人的无理取闹、荒唐攻击而乱了方寸，也千万不要因此大动干戈。让心灵平静下来，坦然自若地去面对，如此，你不但能轻而易举地解决问题，而且还能心安神定，换来从容淡定的人生。

05. 弃卒保车，才能赢得人生这盘棋

留得青山在，不怕没柴烧。面对选择的时候，我们要学会分析，要学会两相权衡取其轻，不要总是盲目地做出决定，这样，等到事后，只会让我们后悔不已。

遇到难以抉择的事情时，我们要明白弃卒保车的道理，保住最重要的，放弃不太重要的。千万不要丢了西瓜捡芝麻，放弃了最好的东西，从而留下不好

的东西。在人生道路上，必要的时候我们要学会通过牺牲较小的利益来换取更大的好处，如此才能赢得人生这盘棋。

在人生路上，舍弃必须舍弃的东西是我们一定要学会的，是我们能否冷静而准确地认识自己、认识环境，能否理性、客观地规划自己的理想与生活的关键，更是勇者与智者的修炼。但是很多人就舍不得放弃，就算是这个利益非常小，他也会死命地攥紧，但是我们要知道利益就像沙子，攥得越紧，流失得就越快。

一位年轻母亲正在厨房里做饭，忽然听见从客厅里传来4岁儿子极度恐慌的声音："妈妈，妈妈，快来呀！"

年轻母亲闻声便下意识地跑到了客厅，才发现原来儿子的手卡在了一个花瓶中，他使劲地想把手抽出，但是无法脱出来，因此痛得连声直叫。母亲想帮儿子将手从花瓶中拉出来，可试来试去也无济于事。

看着儿子脸上挂满了泪水，手腕处被瓶颈卡得通红，母亲心疼极了，她犹豫了仅仅几秒钟，便找来一个锤子，小心翼翼地开始敲打这个花瓶。费了很大的劲，儿子的手终于出来了。

这时，儿子的手紧紧攥成一个拳头，怎么也不松开，这可吓坏了母亲。她想，难道是孩子的手在花瓶里卡得太久而变形了？

等她将儿子的拳头小心地掰开时，一面彻底松了口气，一面让她哭笑不得：孩子的手没事，他的小手心里紧紧攥着的，是一枚5分钱硬币，而那个刚刚被她敲碎的，是一个价值3万元的古董花瓶。

原来，淘气的儿子不小心将几枚硬币扔进了花瓶，便想把它们取出来。可由于紧紧攥住硬币的拳头大过了瓶口，于是就怎么也抽不出来了。

母亲不由问儿子："你怎么不放下硬币，把手松开呢？那样你的手就可以出来，妈妈也就不必打烂这个花瓶了。"

儿子只回答了一句话："妈妈，花瓶那么深，我怕一松手，硬币就跑掉了。"

砸烂价值3万元的花瓶，只是为了一枚5分钱的硬币，这样的故事听起来未免有些好笑。但是在笑过之后，我们可曾意识到，这个发生在4岁孩子身上的故事，其实我们身上也普遍存在着。

可能有人这样认为，人们之所以紧抓"硬币"不愿松手，是因为人们认为，只要我攥紧拳头，那么这些就一定属于我。其实不然，如果我们将手里的东西抓得太紧，不愿舍弃一些细枝末节和一些不切实际的东西，那最后只会因小失大，产生悲剧。

所以，我们为了成就大事，就必须学会放弃小利。很多时候，只有舍弃蝇头小利，才能有更大的别样收获。

相传，古代北方边境有一个叫高智的国王，他即位三年后，通过各种措施使得国家实力蒸蒸日上，人民安居乐业。这引起了有着游牧民族的野蛮和霸气、国势强大的邻国北胡国的寻衅。

一天，北胡国派了一个使臣来晋见高智，命令式地要求他送自己一匹千里马。大臣们纷纷认为，千里马是先王遗留下来的，不可轻易送人。然而北胡的实力又是无法与之匹敌的。为此，国王高智也大伤脑筋。

第二天，国王高智传来了使者，轻松地对他说："我与北胡为邻，区区一匹马怎能伤了我们之间的感情？我非常高兴贵国能够接受我的赠送。"随即，国王就不顾大臣们的反对，叫使者把马牵走了。

国家的很多人不解，觉得自己的国君懦弱无能、胆小如鼠。而北胡国王得了高智的良马，更觉得高智真的惧怕自己。于是，便对高智放松了警惕，日夜荒淫，不理朝政。

有了高智国王第一次的"拱手相送"，北胡国又变本加厉地遣使者向高智索要大片土地。群臣得信后，也和北胡国一样，满心以为高智国王会像上次那样把土地割让出去，这一次很少有人提出抗议。

没想到，高智国王一反常态，勃然大怒，狠狠地说："土地乃国家之根本，怎能给人?!"接着，让士卫杀了北胡来使并率兵出征北胡。北胡军队猝不及防，溃不成军，连战连败，最终全军覆灭。

高智国王为了国家，不惜牺牲自己的良马。在他的眼中，这些纵然是不能舍弃的，但是相比整个国家而言，这些又显得那么的微不足道。

生活中的我们，是不是经常顾左不顾右，经常陷入矛盾、纠结中。如果你也有这样的困惑，那么不妨从容面对，弃卒保车，如此才能避免自己走到绝望的边缘。

我们只有参透了得失，练就取舍的本领后，才能得到更大的收获。正如孟子所云："鱼，我所欲也，熊掌，亦我所欲也，二者不可得兼，舍鱼而取熊掌者也。"没错，鱼和熊掌不能兼得，那么我们就要学会"舍得"。只有这样，未来的视野才会展现出另外一种截然不同的风景。

06. 胜利，不是制敌而是宽敌

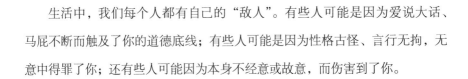

生活中，我们每个人都有自己的"敌人"。有些人可能是因为爱说大话、马屁不断而触及了你的道德底线；有些人可能是因为性格古怪、言行无拘，无意中得罪了你；还有些人可能因为本身不经意或故意，而伤害到了你。

这时，面对敌人，你应当如何去做？是用冷淡的态度无视，还是用恶劣的行为灭之？无论你用以上的何种方式，都不可能让内心的仇恨化解。要知道，打压或者消灭敌人并不能显示出我们的智慧，因为与之对峙的同时，我们自身的精力也必将有所消耗，自身的心性也必将有所动乱。如此，不仅不能把矛盾化解，反而还会带来更加严重的冲突。

天空因宽容世间万物而辽阔，大海因宽容而成就自己的浩瀚，人的胸襟也因宽容别人而宽广。正如雨果所说的那样："世界上最宽阔的是海洋，比海洋更宽阔的是天空，比天空更宽阔的是人的胸怀。"

是的，对于有着宽广胸怀的人来说，不管别人的所作所为多么让他们生厌，他们也会去包容这些人的行为。让敌人不再是敌人，甚至变成朋友。

有这样一个经典的故事，我们不妨来分享一下。

欧玛尔，英国历史上唯一留名至今的剑手，他有独属于自己的取胜秘诀。

曾经，有个与欧玛尔势均力敌的敌手，他与欧玛尔斗了三十年，仍然不分胜负。在一次决斗中，那位敌手从马上摔了下来，欧玛尔持剑跳到他身上，一秒钟内就可以杀死他。但此时，对手却做了一件出人意料的事——向欧玛尔的脸上吐了一口唾沫。

欧玛尔停住了，对敌手说："我们明天再打！"

敌手有点糊涂。

欧玛尔说："三十年来我一直在修炼自己，让自己不带一点儿怒气作战，所以我才能常胜不败。刚才你吐我的瞬间我动了怒气，如果此时我杀死你，我就再也找不到胜利的感觉了，所以，我们只能明天重新开始。"

不过，这场争斗永远也不会开始了，因为那个敌手已经拜欧玛尔为师。

敌手之所以能够与欧玛尔握手言和，正是因为欧玛尔面对他无理的举动时，并没有气愤地和他针锋相对，也没有利用自己的优势置其于死地，而是平心静气地宽容了他。正是由于这样的气概，才让对方被欧玛尔所折服。

我们常说"朋友多了路好走，冤家多了路难行"，朋友可以是永久的朋友，而敌人却不要成为永久的敌人。是的，一个人一生最大的胜利，不是将敌人制服，而是宽待敌人，让自己内心的世界平静。

生活中的一些智者，正是因为能够从容淡定地对待敌人，才能让对方成为激励自己上进、成长的对手。西方的培根就这样说过："没有敌人，也是寂寞的。"

下面，我们来看一个这样的故事。

一位动物学家对生活在奥兰治河两岸的羚羊群进行过研究。他发现东岸羚羊的繁殖能力比西岸的强，奔跑速度也不一样，平均每一分钟东岸的羚羊要比西岸的羚羊快 15 米。几经努力，动物学家才明白，东岸的羚羊之所以强健，是因为在它们附近生活着一个狼群，西岸的羚羊之所以弱小，正是因为缺少这么一群天敌。

我们知道大自然的法则就是"物竞天择，适者生存"。没错，这个法则同样适用于当今社会中。"敌人"的存在并非与我们势不两立，而是我们正因为他们的存在，才能够让自己时刻保持竞争的状态，不断获得进步。

林肯是美国历史上最有影响力的统治者，他之所以能够取得如此伟大的成功，除了自身卓越的能力之外，还与他重视、欣赏萨蒙·蔡斯这个"敌人"有关。

1860 年林肯当选为总统之后，决定任命参议员萨蒙·蔡斯为财政部长。当他把这一想法告诉参议员们时，一片哗然，许多人都表示了强烈的反对。林肯疑惑地问："萨蒙·蔡斯是一个非常优秀的人，你们为什么反对他成为我们中的一员呢？"

参议员们的回答是："萨蒙·蔡斯是一个狂妄自大的家伙，他狂热地追求最高上司权，一心想入主白宫。而且，私底下他甚至认为自己要比你伟大得多。"

林肯笑着问道，"哦，那你们还知道有谁认为自己比我伟大？"

这些人不知道林肯为什么要这样问。

林肯解释说："如果你们知道有谁认为他比我伟大，你们要及时告诉我，因为我想把他们全都收入我的内阁。"

最后，林肯还是任命萨蒙·蔡斯为财政部长。事实证明，蔡斯是一个大能人，在财政预算与宏观调控方面能力突出。但是，对权力的崇拜使他对林肯一直很不满。

林肯的朋友都劝说林肯免去蔡斯的职务，但林肯笑了笑，表示自己对蔡斯满怀感激之情，是不可能罢免他的。朋友们对这样的说法难以理解，林肯就讲了这样一个故事：

"有一次，我和我兄弟在肯塔基老家犁玉米地，我吆马，他扶犁。这匹马很懒，但有一段时间它却在地里跑得飞快，连我这双长腿都差点跟不上。到了地头，我发现有一只很大的马蝇叮在它身上，我随手就把马蝇打落了。我兄弟问我为什么要打落它，我说我不忍心看着这匹马被咬。我兄弟说：'唉呀，正是这家伙才使马跑得快嘛。'

然后，林肯意味深长地说："现在有一只叫'总统欲'的马蝇正叮着我，我会时刻提醒自己不能松懈，要不断地向前跑，努力做好自己的工作。否则，我就会被别人所替代！这也正是我能做好工作的主要原因。"

从上面的案例里，我们可以知道，"敌人"所给予我们的，不仅仅是危机和斗争，同时还能激发我们求生和求胜之心。这就像是一剂强心针、一部推进器，或者一个加力挡。既然"敌人"是在帮助我们进步和成长，那么我们为什么不对他包容一些呢？

记得有人这样说过："人生最大的敌人，不是别人；人生最大的胜利，不是制敌，而是将敌人转为朋友！"没错，帮助敌人，冰释前嫌，这不仅保护了自己，还为自己找到了更大的助力。要知道，胸怀韬略之人，必定能够化敌为友，也必将赢得灿烂的人生。

07. 适当宽容他人与自己，才能收获快乐

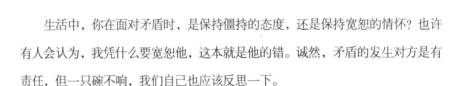

生活中，你在面对矛盾时，是保持僵持的态度，还是保持宽恕的情怀？也许有人会认为，我凭什么要宽恕他，这本就是他的错。诚然，矛盾的发生对方是有责任，但一只碗不响，我们自己也应该反思一下。

要知道，当矛盾发生时，宽容就像一杯暖暖的茶，喝下它就能化解僵持的局面。有人说，宽容是一种高尚的情感，它的宽广，它的包容，会杜绝人间一切不美好的事物。是的，宽容就是如此，它比任何一剂良药都有效。

不过，在现实中，多数人认为宽恕是指原谅别人的错误，包容别人的罪过。其实，这样的说法非常片面。我们宽容他人，并不是要包容他的错误，而是要让他明白他的行为不可取。

不是有句这样的老话吗："人非圣贤，孰能无过。"在生活的道路上，我们每一个人都难免会犯下这样或那样的错误，这时候，唯有宽恕，才能把自己的思

想和身体从羞愧和内疚的情绪中解放出来，从而获得自由，得到快乐。

一个人，如果不知自我宽容，不知宽恕他人，只是一味地沉浸在责备或苛求自己的过程中，那只会令自己变得越来越孤癖，越来越挑剔。而这样，就连我们身边的人——包括配偶、孩子、父母、朋友，甚至你的宠物都会对你的痛苦感同身受。

因此，我们要学会宽恕，尽可能地保护自己，不再自我虐待、自我惩罚。相信，只要用宽松的心态去面对身边的人或事，我们就一定能够理性地面对现实，让自己拥有一个健康的身心和愉快的情绪，每天都活得开开心心。

梅梅毕业没多久就进入了一家小公司，虽然公司规模不大，但是同事间相处愉快，这让梅梅心里很满足。在同事当中，有一个和她同一时间入职的女孩子，叫丽丽。可能两个人经历差不多，入职时间也一样，所以两个人很快就亲近了起来。

梅梅觉得有朋友是件非常幸福的事情，她想小公司当中没有那么多尔虞我诈，也没有什么激烈的竞争，工资虽然不多但也够花，这样就足够了。平时梅梅和丽丽经常一起上下班，大部分时间都在一起，有时周末两个人还相约去逛街。

在这个小公司工作了一年多之后，两个人相约一起跳槽去了一家大公司，两个人被分在了同一个部门。在这个公司两个人依旧交好，但是在两年后，竞选部门经理的时候，梅梅和丽丽闹掰了。

原因是她们两个都有望成为部门经理，梅梅是想着公平竞争的，但是丽丽有意在和同事闲聊的时候将梅梅过去工作上的错误宣扬了出去，最后传到了老板那里；而且丽丽也总是有意无意地说梅梅的坏话。就这样，梅梅竞选失败了。

在梅梅知道是谁从中作梗之后，她非常愤怒，找到丽丽质问，甚至还动了手，这件事情给梅梅带来了很多不良影响。看着梅梅形单影只，丽丽找到她承认错误，但是梅梅死活不肯原谅丽丽，还总是讽刺她。时间久了，大家更不愿意搭理梅梅了，而梅梅每天都在抱怨声中过活，并且越来越孤单了。

面对朋友的背叛，梅梅没有选择宽容和原谅，而是抱怨和哀叹，这样的她显然不够爱惜自己。过于纠结往事，不能改变现状，只能让自己看起来越来越糟。

人生需要宽容，无论对自己还是对别人。当然这并非是一种放任，而只是一种智慧处世的方法。只有宽容他人，才能在错误中学会珍惜和关爱；只有宽容自己，才能在夹缝中找到生存的乐趣。总之一句话，只有懂得宽容，才能让快乐与我们同行！

08. 赢，未必非要让对方输

有人总在"利益冲突"中活着，他们把生活看成一场你死我活的斗争，在这种战争中只有一个赢家，"不成功便成仁"。

生活果真有那么可怕吗？利益攸关的两个人，难道注定要分出高下才能结束争夺？有没有一种方式，能避免"生活的战争"，让我们都成为赢家？

关于这一系列的问题，佛家自有一番见解：世界上的一切都离不开因果循环，善恶好坏、吉凶祸福都是其来有自，如能明白因果，知道人生的究竟、本末，便能不怨天尤人，自在生活。反之，不能认清世间实相，不能明白因果道理，不能圆融人我关系，不能了知众生同体，这也是人生最大的悲哀。好斗的人永远都是既伤害别人，又不能给自己带来好处。只有那些善于"妥协"，能在关键时候"让一步"的人，才能实现双赢。

在生活中，"妥协"是利众的前提，是人与人之间双方或多方在某种条件下达成的共识。人和人之间如果出现了分歧和争端必须要去解决，此时"妥协"虽然不见得是最好的办法，但在更好的方法出现之前，它就是最好的方法。

在没有解决问题的实质性办法之前，相互之间一味地胡搅蛮缠，一味地各行其是，只能让问题严重化，再无任何用处。这时候，如果有一方选择了妥协，虽然不见得能立刻将问题化于无形，却能最大程度上稳定住局势，不会产生更进一步的负面效应。

妥协绝非是无能，而是一种智慧的修养。真正的妥协也不是无底线地放弃自己的原则，一味地让步，而是一种通权达变的丛林智慧。凡是人性丛林里的智者，都懂得在恰当时机接受别人的妥协，或向别人提出妥协，毕竟人要生存，离不开大众，靠的是理性做事，而不是意气用事。明智的妥协是一种适当的交换。为了达到主要的目标，成全利众，可以在次要的目标上做适当的让步。

美国著名谈判艺术专家罗杰·道森曾经遇到过一件事情。

有一次，他去参加一个公司的商务宴请，当时他和这家公司的总经理坐在一起，高高兴兴地聊天。突然，一个地区经理怒气冲冲地走过来对总经理说："我不知道公司是怎么想的，我们部门最优秀的一个提案居然没能获奖，我手下的伙计们为了这个提案付出了所有的心血，我以后还怎么激励他们？"

总经理见对方如此无礼，马上就争锋相对地回应道："那是因为你们的报告晚了整整七天，你明白吗？"于是两人吵了起来。

两个人针对一个简单的问题居然一吵就是二十多分钟，到最后他们已经完全失去了理智，争论的交点也早已偏离了问题的焦点。

这时候罗杰·道森看不下去了，他站起来对那个总经理说："区域经理是想获得一份奖项，你能给他吗?"

总经理正在气头上，说："这绝无可能。"

罗杰·道森耸了耸肩，对区域经理说："既然奖项已经拿不到了，如果总经理能去亲自慰问一下你的员工，可以吗?"

区域经理说："如果不能得奖的话，这样也倒是可以。"

罗杰·道森对总经理说："区域经理已经作出了妥协，您是不是也能够让一步，满足这个要求呢?"

总经理当即表示同意，一场无意义的争吵就在彼此的妥协中结束了。

事后，罗杰·道森说："在你真正决定和对方争吵之前，不妨先做出妥协，相信许多不必要的麻烦就会因此消失。"

区域经理和总经理之所以吵了起来，其实不是因为问题无法解决，而是因为谁都不肯让一步。人都是"讲面子"的，你不依不饶，就等于伤害了对方的"面子"，也许一件小事儿也会因此变成一场"尊严的战争"。其实，只要你能妥协一步，给对方一个台阶下，就能化解许多不必要的争端和麻烦。

意大利艺术家米开朗基罗的雕刻作品"大卫像"是他最为成功的作品之一。

当大卫像刚刚雕刻好的时候，一个负责审查艺术作品的官员就表示对这座雕像很不满意。

米开朗基罗问这个官员："您看我的雕像有什么地方不合适吗?"

"嗯，依我看啊，这个雕像，从整体上看，就是鼻子不好。"这个官员明显不懂雕塑，但为了维护自己的"官威"，还是无中生有地找麻烦。

米开朗基罗明知道官员所谓的"修改意见"是不可行的，但还是一本正经的说："是吗?"然后还站在雕像前看了一下，大叫一声："可不是吗?鼻子是大了些，我马上改。"说着就拿起工具爬上架子，叮叮当当地开始修饰。

随着米开朗基罗的凿刀，掉下许多大理石粉，那官员只得躲开。过了一会儿，米开朗基罗"修"好了，他爬下架子，请那位官员再去验收："你看这回怎么样？"官员看了一下，非常高兴地说："你看，这样就好多了嘛。"其实，米开朗基罗刚才只是偷偷抓了一小块大理石和一把石粉，到上面做个样子罢了，雕像还是原来的雕像，一点都没有改变。

看上去米开朗基罗是让步了，其实他这样做的目的是给官员一点面子。米开朗基罗是个有原则的人，也是个聪明人，懂得以退为进之道，通过适当的让步来确保目标的实现，使"大卫像"以后完好地展现在大众面前。如果两个人相互僵持不下，就会导致两败俱伤；如果两个人相互谦让，那么他们最终都有所得。妥协，不一定会吃亏，在退让中才能和谐双赢。忍让一下，看似吃亏，实际上就是占便宜。

世间本无输赢，你越是想赢，就越好斗；越好斗，则越容易给自己和别人带来灾难。其实你想赢未必非要让对方输。很多时候，你需要让一步、妥协一下，才能真正地赢。

第八辑

给婚姻多一点信任：
因爱而相聚，爱可以带人走出困局

婚姻不是围城，而是一座开满芬芳四溢的鲜花的城堡。如果你没有收获芬芳四溢的鲜花，可能是忘记了播种。

不要说婚姻正一点点将爱情消磨，再浪漫的爱情也需要精心地呵护，就如呵护一朵娇艳的花。想要和伴侣在婚姻城堡中永远幸福下去，就要懂得包容、理解和欣赏。家和万事兴，和另一半携手同行，就没有什么困苦是走不出的。

01. 爱情，多点理性会更美

多数爱情中的男女往往太过于感性，感性会让我们的敏感神经左右我们的判断。如果被感性占满思维，那么往往不会去理性地思考，只是歇斯底里、不顾一切地去爱。当然，这样的爱情看起来没有功利性，显得美好异常。不过，现实中看似太美好的事物往往都是镜花水月，很难长久。因此，处于爱情中的男女，需要理性地去分析爱情中的矛盾，然后作出最正确、最适合的判断。

如果我们能以理性的眼光去看待问题，那远比一意孤行要好。可是，假如我们看问题只是看表面，那就大错特错了。其实，很多事情的表面都只是假象，而我们需要去分析的东西，却深藏于内里。

不过，凡事也不能太过于理性，理性太过的话，往往会给他人造成一种错觉，认为你这个人太过于冷静，任何事情追根究底，才肯罢休。当然，感性和理性并不是绝对的对立两极，我们可以在适当的时候让感性和理性和平相处。当事物的发展需要我们用理性去处理时，那就用理性的方式去做；如果需要我们用感性的方式去解决，那就用感性来处理。

因此，如果爱情中的男女双方发生了矛盾，那么我们就应该用理性的态度去对待。因为在爱情中，如果小矛盾不能理性地解决掉，那么小矛盾就会慢慢增长，最终很有可能让男女双方产生不可调解的大矛盾。

有一对情侣去出海游玩，两人之间本来关系非常好。但是男孩处理事情的时候却非常怯懦，女孩希望通过这次出海，让男孩逐渐改掉这个坏毛病。

没想到，出海游玩的途中遇到了大风，两个人乘坐的小艇被巨浪掀翻了，而这对情侣也不幸落入了海中，幸亏女孩紧紧地抓住了一块木板，才得以保住两个人的性命。女孩就问男孩："你现在害怕吗?"

男孩从怀中掏出一把水果刀："我害怕，但是如果有鲨鱼来的话，我就拿这个对付它。"女孩再次感受到了男孩的怯懦，只是摇头苦笑了一下。

没过多久，一艘货轮就发现了这对情侣，正在此时，一群鲨鱼也随之出现了。女孩大叫："会没事的! 我们用力游，一定能获救的!"

男孩却不管这些，而是把女孩推入了海里，自己趴在木板上，向着货轮的方向游了过去："我先去尝试一下，如果可以的话，你再来!"女孩看着男孩逐渐消失的背影，不由泪流满面，感到了无比的失望。

这时候，鲨鱼向着女孩逼近，但是它们只是闻了闻就离开了，然后疯了似的向男孩的方向游了过去。男孩被鲨鱼撕咬着，但是他还是奋力地大喊："我爱你! 我永远爱你!"

最后，女孩获救了，而男孩则被鲨鱼吞进了肚子里。甲板上的人们纷纷为男孩默哀。船长走到女孩身旁说："小姐，你请节哀! 你的男友是我们见过的最勇敢的人，让我们为他祈祷吧!"

女孩却不以为然，而是非常冷漠地说："不，他不像你说的这么好，他是一个胆小鬼!"

船长说："你怎么可以这么说他呢? 我刚才用望远镜观察了男孩的一举一动，他把你推开之后，就游到了远处，然后用刀子割破了自己的手腕。鲨鱼对血腥味非常敏感，而正是男孩用自己的生命为你的安全脱险赢得了时间。如果不是男孩这么勇敢的话，恐怕你也不会安全地站在这艘船上。"

这位处于爱情中的女孩感性地判断了男孩，认为男孩是怯懦的人，遇到了大灾难，就会弃自己于不顾，害怕地率先离开。但事实却是，这个理性的男孩承担起了自己应当承担的责任，果断地选择牺牲自己来保护女孩。最后，女孩虽然得救了，但是船长的一席话，却让她深深迷失在自己感性的判断中。

人们常说，陷于爱情中的男女，感情用事仿佛就是人性的一种本能。诚然，因为彼此相爱，感情用事更像是恋爱中男女的必备功课。但是如果我们总是感情用事的话，那么只会让自己走向极端，缺乏判断事情的能力。

汤显祖在《牡丹亭题词》中说："情不知所起，一往而深，生者可以死，死者可以生。生而不可与死，死而不可复生者，皆非情之至也。"是的，爱情是美好的，正如汤显祖所描述的爱情，更像是一幅永无尽头的唯美画卷。

但是再美的生命也会有终点，再美的爱情也有尽头。因此，不管是简单还是复杂的爱情，都需要我们多保持一些理性，少一些感性。只有这样，爱情才不会因为矛盾变得暗淡，才能因理智而永葆生机。

02.　信任：婚姻大厦的基石

在生活中，婚姻常常会出现以下这样的现象：

当老公长时间在打电话时，你常常偷偷地竖起耳朵在听；

当老公到外地出差时，你常常担心他现在和谁在一起；

如果有机会，你会忍不住偷看老公的私人物品。

……

结婚几年后，夫妻二人早已从浓情蜜意到亲情淡淡了。于是，很多感性的女人，往往在平淡的婚姻中，不断地向自己的内心和男人发问："他还爱我吗？""你爱我吗？"于是，婚姻产生了这样或那样的猜疑和不信任。

要知道，一个没有信任的婚姻是不可能幸福的。很多时候，婚姻中的一件事情，你相信它好就能促使它变好；如果你相信它坏，那么就会促使它变坏。假如你对自己的老公产生了怀疑，那么就很严重地伤害了对方的感情，导致本来平静的夫妻感情出现裂痕和隔膜。当这样的隔阂越积越深厚时，就有可能导致劳燕分飞的结局。

我们可以试想，假如你对老公产生了怀疑，那么你就很容易听信别人的话，从而把那些心怀不轨的人或者无中生有的捏造、空穴来风的中伤、朋友之间的一句玩笑全部记在心里。这样，你便会按照他人给老公设下的形象来进行抱怨和指责。长此以往，即使他多么的珍惜你们的感情，都会因你的怀疑而落落寡欢，或者伤心地选择离去。

王婷的老公是一家公司的经理，刚结婚时老公常常晚归，王婷便会想可能是塞车了，或者是他在加班。无论老公多晚回来，她都会深情款款地迎接他，两人的夫妻感情特别好，没有吵过一次架。

结婚多年以后，当老公晚归，饭菜正在变凉，孩子嚷着肚子饿时，王婷开始无端地猜测了：他是与另外一个女人在一起，还是在哪个酒吧和朋友鬼混？特别是有朋友告诉王婷曾看到她老公与一个女人走得很近时，王婷变得紧张兮兮，时不时地打电话给老公问他在干什么，并且经常翻看他的通讯记录，有时还跟踪老公。

尽管没有什么可疑的迹象，但王婷还是偏激地认为老公不再在乎自己了，任凭老公怎么解释自己的异性交往只限于同部门女同事，而且都是工作关系，她还是不相信，并开始了指责和谩骂。原本和睦的家庭开始笼罩上战争的阴影，结果是老公回家的时间越来越晚，越来越少了。

事实上，王婷的老公是个对家庭负责任、对工作敬业的男人，为了家庭生计忙碌奔波，作为单位高层也是尽心尽力。气愤不已的王婷为了逼丈夫回家，居然串通医院护士买到了一具面目全非的尸体，设计了假死。

看到老公伤心欲绝，把骨灰天天带在身边，王婷才明白，原来老公是爱着自己的，于是她回了家。她以为老公会高兴，结果老公在一阵惊愕之后，不管她再怎么解释，都铁着脸决然地提出了离婚。

世上除父母子女之外，最亲近、最值得信赖的人就是那个托付终身的人。既然彼此托付了终身，既然彼此愿意终身为伴，那么夫妻双方就不应该互相怀疑、猜忌。要知道，夫妻的基石是互相信任。

信任是人们交往的基础。在婚姻中，维系夫妻感情的纽带是信任，这就犹如婚姻是座大厦，而信任就是基石。要想使婚姻变得幸福，就只有坚定地相信你的婚姻，坚定地相信你的爱人，那么幸福才会随之而来。因此，对于老公的一些反常行为，我们不必把他视为贼一样防范，也不要动不动就去翻他的衣服口袋或者通讯记录，因为那样的小动作最伤人心，也是夫妻间的隔阂的所在。

所以，如果发现老公的行为与平常不一样，与其整天疑神疑鬼、如履薄冰，倒不如开诚布公地与老公谈一谈。不是有这样一句话吗："长相知，才能不相疑；不相疑，才能长相知。"当夫妻之间多些坦诚，没有猜疑时，那夫妻就能够做到知心了。

何况，如果你整日心存怀疑，那你的内心便会痛苦不堪。如此，我们倒不如信任他，这样你的心境自然会平和许多。换句话说，你对自己的老公信任与否，并不只是为了他而做的选择，更是为了自己的快乐和幸福做出的抉择。

要知道，对爱人最好的尊重便是信任，信任是一种无坚不摧的武器，可以为你的婚姻大厦打下坚实的基础。放心吧，只要你信任他，那么你的家就牢不可破。

西方现代人际关系教育的奠基人，美国著名的人际关系学大师——卡耐基，由于他在当时的美国太出名了，对这样的人，社会自然喜欢为他制造花边新闻，如对他和他的秘书薇拉的关系，有人就曾经大做文章。

面对风言风语，卡耐基夫人态度坚决地信任自己的老公，她提出和老公的女秘书相处必须记住的五条原则："一、不要猜忌丈夫与女秘书的关系；二、不要嫉妒女秘书的漂亮迷人和工作；三、不要勉强女秘书为自己跑腿；四、绝对不可以傲慢、刻薄和奚落女秘书；五、对女秘书的额外帮忙要表示感谢。"

而卡耐基本人的感情也并未因为年轻漂亮的秘书而发生改变，他继续安心工作，继续撰写他的畅销书，并且始终如一地深爱自己的夫人。对于此，卡耐基解释道："夫人这么深切地信任我，我怎么可以背叛她呢？"

是的，婚姻有了信任才叫婚姻。不过，世上几乎所有的婚姻都会遭遇信任危机，这个时候，你千万别疑神疑鬼，要尽量放松自己的心态，把它当成是婚姻过程中的一个调味剂或者一个小花絮。面对信任危机，只要你能够用爱心和忍耐去感化对方，那么自然就能够化解矛盾、化解危机。

当然，并不是说所有的猜疑都是无端的，都是错误的。如果有确凿证据证明猜疑是正确的，那么也要保持着维护婚姻的态度，冷静地、坦诚地解决好问题；如果双方的爱已经不存在，感情已然破灭，那么这时就需要好好地谈谈分手的事了。

03.　爱，不是私自的占有

佛说：爱是一种执念。是啊，万般执着只为情，如果对这种执念不加控制，它就会愈演愈烈，进而滋生出嫉妒、猜疑的心态。只有将这种执念放下来，才会获得大自在。其实，爱不是私自的占有，只要一切随缘就好。

有一个女孩，在她将要出嫁的时候，问了母亲一个问题："妈妈，婚后我该怎样把握爱情呢?该如何去把握婚后的幸福呢?"

母亲听后，回答女儿说："你看，我捧起地上这捧沙子，会怎样?"

于是，女孩发现那捧沙子圆圆满满地被握在母亲的手里，并且在慢慢地一点点地流失和撒落。

但是，此时，她的母亲却突然用力地将双手握紧，沙子顿时泻落到了地上。当她的母亲再张开双手的时候，手里的沙子已经所剩无几了。

望着母亲手中的沙子，这个女孩突然明白了什么，使劲地点点头。

其实，故事告诉我们：对于爱情，我们没有必要刻意去把握，因为爱情这个东西你越是想抓牢，反而抓不牢，并且还容易将自己迷失掉，失去了原则，失去了相互之间的那种宽容和理解。此时，你的爱情就会像手里残剩的沙子一样变得毫无美感。

爱，从来都不是私自的占有和对爱人的禁锢。在现实生活中，有很多女孩唯恐有一天失去了自己心爱的男友或者老公，总是拿自己的爱好和标准去要求另一半，却没有问问对方是否真的愿意。

如果我们只是想着占有对方，那么两个人的感情就会顿时生硬起来，毫无生机。一旦你被爱情燃烧得昏了头，想试图控制对方，将其视为私人物品的时候，即便是神仙也会被压得无法喘息。一旦你放开了自己的那双手，不再偏执下去，并且以尊重对方为前提，此时便会很容易获得对方的信任和热爱，你得到的也会更多。

当孩子出现在父母面前的时候，大人总把他们看作长不大的孩子，喜欢用自己的想法左右孩子，也不管他们对此是否感兴趣。比如，强压着孩子周六日参加这个辅导班，参加那个辅导班。当然，父母爱孩子并没有错，但千万不可将孩子视为私人物品一样看待，也千万不可认为孩子就应该一切都听大人的。要知道，孩子每天都在成长，每天都有自己的新思维，他们也有自己的情绪，也有自己的欢乐，也有自己的悲伤。所以说，让孩子在自己喜欢的空间里去生活，让他们自由选择自己喜欢的事物，这才是父母对孩子最深切的爱的表达。

当小鸟出现在主人面前的时候，主人总是喜欢将小鸟禁锢在铁笼子里，每天喂小鸟吃的，逗小鸟开心。殊不知，小鸟是大自然中的万物之一，它是要飞向蓝天的，是要自由翱翔的。因为小鸟只有飞到空中，才会感到自由、才会快乐、才会幸福。所以，作为主人，爱小鸟，就要给它自由，而不是据为己有。

当学生出现在老师面前的时候，作为老师，他们总认为满堂灌才是对学生最好的传授方式，好像没有了这种方式，孩子就失去了制胜法宝一样。要知道，我们每个人吃完饭都需要一个消化的过程，学生消化知识当然也是如此。所以，老师不可奢望占用学生所有的时间，因为他们除了学习以外，还有自己喜欢的课外活动，因为自由的学习更会让学生感到快乐，甚至将其潜能挖掘出来。总之，给学生更多的时间和自由才是老师对学生最好的爱。

在现实婚姻中，也有不少人总是时不时地就怀疑爱人的不忠诚，整天疑神疑鬼，还总是希望爱人时时刻刻陪在自己的身边，恨不得让爱人做自己的"跟屁虫"。要知道，爱人如同在蓝天飞翔的风筝一样，只要你紧握手中的风筝线就可以了。爱人就像那手中的沙子，你将双手握得越紧，漏下去的沙子也就越多。反之，结果会大不一样。

总而言之，爱不是禁锢，爱不是专有，爱更不是占有。只有两个人相互理解、相互宽容、相互信任的爱，才能让整个家庭充满快乐和幸福。

04.　学会欣赏，爱是细心的发现

夫妻能够走在一起，这就说明他们以前是互相欣赏的。因为只有彼此欣赏的人才会互相吸引、相互欣赏对方，而这也是维系长久婚姻的桥梁。可是，生活中，我们常常会看到伴随着婚姻生活的开始，那些原本互相欣赏而相爱的人，却慢慢地看对方不顺眼。这究竟是怎么一回事，是什么让互相欣赏的夫妻有了如此巨大的变化？

要知道，夫妻是因为彼此欣赏才擦出了爱的火花，是因为彼此欣赏才互戴了戒指，也是因为彼此欣赏才能朝夕相伴地共谱爱曲。但是，在没有结婚前，处于热恋中的男女，因为没有朝夕相对的时光，没有柴米油盐的琐事，所以彼此都看不到对方的缺点。

可是，在结婚以后，随着彼此在一起的时间增多，日常生活中的琐事也会慢慢增多起来，双方的所有缺点都会充分暴露出来。这个时候，如果还不懂得互相理解和包容，只知道一味地指责和抱怨，无限地放大对方的缺点，那么幸福感和默契感便会自然消失不见。

佛有语：风未动，幡未动，是心动也。境由心造，心自澄明质自洁。是的，每个人的幸福都是先从心开始的。我们能否在婚姻中享受到幸福，最关键的就在于自己的心态。假如一个女人深爱着对方，那她就不会去抱怨，而是学会去欣赏他的优点，对他的缺点用宽容的心去接纳。

美国曾经发生过这样一个故事，一个女人在报纸上刊登廉价出让丈夫的广告，一时之间，引起很多人的关注。

事情是这样的，露易丝·亨勒尔的丈夫查理·亨勒尔只喜欢旅游、打猎和钓鱼。每年从 4 月开始他便离开家，外出去钓鱼或探险，直到 10 月初才回来，整整半年都在外头游荡，把不喜欢外出的露易丝一个人扔在家里，孤独寂寞的她越来越不欣赏自己的丈夫了，甚至对他忍无可忍。极其厌倦丈夫的她决定将丈夫廉价卖掉，于是便刊登廉价转让丈夫的广告，并在广告上附加了许多优惠条件。收购她丈夫的人可以免费得到他全套打猎和钓鱼的装备，还有丈夫送给她的牛仔裤一条、长筒胶靴一双、T 恤衫两件、里布拉杜尔种的狼狗一条以及自制的晒干野味 50 磅!

广告登出以后，社会哗然，很多女士都打来电话询问详情，其中有很多人诚挚地索要她丈夫的联系方式。这让原本认为这么糟糕的丈夫是没有人要的露易丝大感意外。于是她询问了她们的购买理由。

有人说，她的丈夫喜欢冒险，是一个真正的勇者，这样的男人有安全感，可以依靠；也有人认为她的丈夫崇尚自然，懂得生活情趣，和这样的男人在一起生活一定会丰富多彩……各种理由似乎证明这样的男人简直无处寻觅。露易丝听完她们的理由，仔细地想了想，这些确实是丈夫的优点和魅力，只是自己没有发现而已。她不禁庆幸自己还没有将丈夫卖出去，否则就会永远失去这样的好男人了。

露易丝立刻去报纸上登了这样一则小广告："廉价转让丈夫事宜，因为种种原因取消!"

查理·亨勒尔从外地钓鱼回来，知道了自己差点被妻子廉价处理的事后，忍俊不禁地问妻子最后怎么会改变主意，露易丝充满柔情地说："如果我把你卖出去了，我又能从哪儿再买一个你这么好的丈夫呢?"俩人相互看着，彼此的心充满了甜蜜的味道。

露易丝正是从那些欣赏、想买走丈夫的女人那里重新认识了丈夫，从而找回对丈夫的欣赏与爱。他们的故事不正是诠释了这样一个主题：爱其实是一种细心的发现。所以，我们为了和那个相守一生的人在一起，就必须要学会从不同的角度去欣赏他，因为唯有这样，我们才能长久地保持爱的温度，彼此携手度过漫长的一生。

有一位老太太对儿女说："其实，你们不了解我和老头子在一起经历的坎坎坷坷，我们有过争吵，也有过茫然！但是，我们是因为看到对方的优点才走到了一起，又是因为看到了对方的缺点才有了失落，而当优点和缺点同时拥有时，我们就感到了幸福!"这位老太太的话虽然简单，却说出了婚姻中的真谛。

记得西方有这样一句话：爱是恒久忍耐，又有恩慈。是的，其实任何人的婚姻都不会是一帆风顺的，任何夫妻都是在吵吵闹闹、磕磕绊绊中一步一步前行的。要知道，生活是一个大舞台，我们都在舞台上尽情演绎着自己的悲喜忧愁。但是，同样的故事，却因为不同的诠释，不同的演绎，使得我们拥有了各自不同的人生。

一对男女从恋爱到结婚，是再自然不过的一件事。小梅和她的丈夫也是自自然然从恋爱走到了婚姻，可是她却总是觉得自己的婚姻质量烂透了。她没想到自己的丈夫身上有这么多她不能忍受的毛病，让她每天都觉得混乱、心烦，想要找人大吵一架。她总是数落对方太懒，太不注意生活细节，她也曾不厌其烦地规定丈夫脱了鞋必须整整齐齐地放到鞋架上，但就是这样一个简单的动作，他总是记不住。

丈夫对她也并不满意，认为她太挑剔，一点都不体谅自己，很小的一件事就要唠叨个没完，丝毫不想想他工作一天的辛苦。结婚没到三年，她变得满腹牢骚，他想要借酒消愁。又经过几个月的争吵，他们决定离婚。

离婚后，她找了另一个老公，对方看上去更体贴，更整洁。她以为这一次能够享受到美满的家庭生活，没想到，第二个老公喜欢抽烟，身上总有让她不想忍受的烟味，还喜欢和一群朋友出门喝酒到半夜，让她不得不大半夜起床泡茶给他醒酒。这时候，她又怀念起每天按时回家、什么事都和她商量的前夫。

一个偶然的机会，她碰到了前夫。前夫和她一样早已再婚，他身边的女人看上去幸福又满足，和旁人说起老公，会夸他体贴又顾家，从不让自己为难，特别会疼人。虽然有时候有点懒，把屋子弄得一团糟，让她头大，可是男人嘛，都是这个样子，拿他们没办法，自己多干一点就是啦。她听着听着，突然领悟到了什么似的。原来，他们之所以离婚，问题都出在她身上，如果她不那么挑剔，也许今天那个幸福的女人仍然是她……

每个人的个性都是独特的，天生的个性不易改变，甚至那些细小的缺点，也很难轻易改变过来。而且，人与人的习惯本来就不同，只有适合不适合自己，没有真正的好坏之分，非要让对方按照自己的习惯生活，未免太过霸道。

生活的重要组成部分之一便是婚姻，而婚姻又是建立在爱的基础之上的。

因此，要想让婚姻的大厦更加稳固，就必须要学会彼此欣赏。唯有这样，我们的一生才会幸福美满。

05. 多一些沟通，让爱情的保鲜期变长

婚姻发生裂变的原因有很多种，其中，最大的杀手莫过于夫妻缺乏沟通。要知道，夫妻沟通是一门学问，亦是一门艺术。夫妻间的沟通之道，不在于废话唠叨，而在于勤耕细作地彼此互相了解。不过，需要记住的是，沟通不能时过境迁，也不能此一时彼一时，更不能因时而做，因需而应。

如果家里或者外面有了什么事，那无论事情是大是小，只要觉得有必要说，不说就可能影响夫妻感情的，那就说出来。很多夫妻之间存有误会，存有解不开的结，只因疏于沟通，使感情产生了裂痕。

漫漫岁月，沟通交流是人生的最大乐趣之一。相爱的人存有分歧，出现吵架现象，这都是正常的。要知道，吵架并不可怕，可怕的是夫妻间的冷战。如果爱出现了问题，那就要敢于沟通交流，把危害双方爱的隐患连根拔除。如此，沟通便可以让我们更加了解对方，知道对方的心声、看法。生活中，不乏这样的例子，有些事情沟通交流后才知道是误会。而如果不沟通，那这个误会便会毁灭爱。

当恋爱时的冲动在平静的婚后生活下逐渐退温，趋于平和，当"一日不见如隔三秋"的依恋之情，落入朝夕相处的现实锅碗瓢盆，当卿卿我我缠绵悱恻的热恋回归平淡生活，当海誓山盟成为按揭买房、孩子养育之类的具体事务，

当婚前情话绵绵的恋人，变成婚后沉默寡言的夫妻，当婚前的浪漫早逝，蜜月的温情不再，你又将如何面对这一切呢？

其实，无论你怎么去看，婚姻都不能像社交艺术中的经验——沉默是金。在家庭内，特别是夫妻间，如果彼此"不苟言笑"，或者感到"无话可说"，那你就要警惕了，你们之间的关系已经出现了危机。

美美和峰峰相恋已有3年，恋爱时亲密无比，常常看电影、逛公园、说情话、发短信。但是结婚后，峰峰就像变了一个人，恋爱时那种情意绵绵、只羡鸳鸯不羡仙的感觉早已不再。

峰峰是一家公司的业务总监，工作特别忙，加上公司离家又远，每天下班回家总是一副筋疲力尽的模样。有时美美问他几句，他只会回答"是"与"不是"，好像不太愿意跟美美多说一句似的。美美问峰峰："你每次跟我说话怎么总是一点表情也没有？你是不是嫌我烦我了？"峰峰说："你这人真的有点烦，你知不知道我工作有多累？都为人妻了，也不知道体谅一下别人。一些家务小事，你安排就行了，一天到晚唠唠叨叨的，像个老太婆。"美美听了，气得七窍生烟，于是两人就吵了起来，之后一段时间，他们便陷入了"冷战"。

美美对丈夫婚后的"寡言少语"很不理解。以前恋爱时，峰峰什么事都爱跟美美说，大到他升了职，小到中午吃什么，可现在……美美怀疑峰峰是不是另有所爱了，峰峰解释说："婚都结了，该安安静静过日子了，不爱你我会娶你吗？还要像哄孩子那样天天讨好你，这样的生活累不累？"美美觉得峰峰说的也有些道理，于是尽量不再打扰他，两人各做各的事，互不干涉。峰峰每天下班回家，第一件事就是打开电脑上网，美美则沉浸在冗长的电视剧情节里。家里的两部电器，垄断了美美和峰峰之间的所有时空，他们之间安静得就像客厅里的两张沙发。好几次，美美从电视剧里回过神来，发现他已经伏在电脑桌上睡着了，此情此景，美美时常问自己："这难道就是我们的夫妻生活？"

美美和峰峰出现这样的情形，并不是他们所想要的，可是他们却无从下手去改变。其实，婚前婚后的男女往往会有较大的反差，男人开始专注于事业的拼搏，而女人则仍然沉湎于爱情的甜言蜜语之中。婚后的角色转变，使得男女之间对夫妻角色有了重新的定义，而这样夫妻双方的矛盾与冲突也就在所难免。其实，婚姻出现矛盾并非是最糟的，最糟的是两个人住进了玻璃房子，一切行动都害怕玻璃破碎，看上去小心翼翼、客客气气，其实两人之间早已没有了心灵上的沟通。

有些人太喜欢含蓄地表达内心情感，并奢望对方能够理解其中所蕴含的微妙情愫。可是，这样的感情表达方式往往忽略了人性中潜在的多面性。要知道，猜测与假想是人最致命的弱点。如果任其发展，那它就会成为婚姻中最无形的隐患，随时都有可能让感情走到决裂的边缘，而这绝不是我们想要的。

外国一家人寿保险公司做了一次调查。他们发现该国夫妇，每天一般可交谈1小时50分钟。对此，调查者觉得奇怪，夫妻之间每天竟有这么长时间在交谈。

后来经过核实，发现这些不是"交谈"，大多数的情况是妻子在嘀咕，丈夫只是偶然地点头或者"哦唔"一声。调查还发现，丈夫和太太的谈话主题有三大项，就是"吃饭"、"洗澡"和"睡觉"。对此，有位婚姻专家分析指出，现代人离婚人数越来越多的一个原因，就是夫妻的"交谈"变少的缘故。

心理学教授哈卫克说："一般夫妇在结婚4年之后（甚至更早），男方开始降低对女方的注意力，再加上家务、生活、工作或者孩子的压力，恋爱或新婚时的热情会逐渐被冷漠取代。"

所以，夫妻间的"爱情厌倦"，是因为缺乏感情的交流。要知道，夫妻间的和谐关系是靠彼此的思想信息来交流维护的，它包括互相的尊重与欣赏。然而，缺乏情感交流的夫妻，隔阂会慢慢渗透到生活的各个方面，从而使双方渐渐生疏，由看不惯到相互厌倦。

夫妻之间的沟通，不是一定要争个长短曲直不可，其内在的含义是要有一种温馨的聊天氛围。假如夫妻在聊天的时候，总是为一点小事争执不休，那怎么会有温馨的氛围呢？因此，造成夫妻隔阂的罪魁祸首，就是经常用冷言恶语攻击对方。如果总想着自己的尊严，总是对夫妻间缺乏主动热情的沟通，那本身就是对爱人的一种不尊重。假如生活总是用同样的方式进行，那就会失去乐趣、新鲜感和刺激性，而这正是滋生外遇的温床。

爱是需要夫妻共同维护的，交流则是维护的桥梁。幸福的婚姻需要共创，只有多在家庭生活中安排一些娱乐活动和交流感情的机会，才能巩固和发展夫妻关系。

当然，婚后感情的维系并没有那么烦琐复杂。如果有了恋爱时的感情作为基础，那么婚后我们所需要付出的就非常简单：一个眼神、一个拥抱、一个亲吻或者一些充满真挚感情的话语，都可以让婚姻的热水保温。而这一切，又能消耗你多少的时间与精力？

所以，不要再让彼此的爱难以琢磨，只有给予彼此沟通的润滑剂，我们才会真切地感受到，原来幸福一直都在我们的身边！

06.　多一点包容，婚姻才能更美满

恋爱时，男人甜言蜜语，可是婚后随之而来的却是随处乱丢的臭袜子、脏衣服。女人此时才如梦初醒，原来自己那么深爱的男人，有这么多让自己难以忍受的坏习惯。于是，她开始无休止地抱怨，夫妻间开始摩擦不断，感情产生了裂痕。有的时候，裂痕可以修补；而有的时候，裂痕会摧毁婚姻。

任何人都希望自己的配偶拥有靓丽的外表，同时还要拥有深刻的精神内涵。可是，这个世界本身就不存在十全十美的人，既然每个人都有缺陷，那么我们为何还要苦苦让对方接近完美呢？再说，我们自己又够完美吗？

男人就像玉石一样，再怎么完美我们也可以挑出瑕疵，但这些瑕疵真的如此不堪吗？老话还说："瑕不掩瑜。"如果这时候的你，因为玉石的瑕疵而丢掉整块玉石，那就此断送了原本可能拥有的幸福婚姻。

现实生活中，我们经常会看到一些女人为男人的缺点发怒：有的因为爱人回家抽烟吵架；有的因为爱人挖鼻孔吵架；有的因为爱人不会收拾屋子吵架；有的因为爱人上床没有洗脚吵架，等等。为此不休不止地闹得天翻地覆，使家庭陷入痛苦的深渊，也使婚姻濒临破灭。

小敏和丈夫经营着一家物流公司，丈夫好交友讲义气，且能说会道，经营有方，生意做得不错。但他有一个令小敏不能容忍的缺点，就是喜欢喝点小

酒，且不胜酒力，每饮必醉，两人为此经常闹矛盾。

这天，小敏去邮局办事情，丈夫说好在家做晚饭。可是，小敏晚上六点多回到家一看，还是冷锅冷灶，也不见丈夫的影子，打手机去问，说是有一个朋友约他吃饭。小敏气不打一处来，气愤地挂了电话。

十点左右，丈夫回来了，喝得有点醉，身上一股酒味。小敏看见丈夫进门就骂上了："你就知道喝酒，为什么不喝死在外面？"丈夫一听也火了，推了小敏一把。这一推就好像在小敏愤怒冒火的心上浇上了汽油，她扑向丈夫，与丈夫扭打在一起……

结果，丈夫的脸被抓得鲜血淋漓，小敏的腰也扭伤了。后来，两人闹起了离婚，虽然在朋友的劝解下，这场战争好不容易化解了，但是战争的硝烟仍然弥漫在二人的周围，婚姻没有幸福感可言。

世上不存在完美，有时候追求完美正如案例中的那样，已经成为一种病态，一种危害婚姻的毒药。事实上，妻子能否与丈夫自始至终相亲相爱，完全取决于自己是否明智。请记住这样一句格言："一个傻瓜也有可能赢得一个男人的爱情，但只有聪慧的女人才能够维持它。"

那么，要成为这样的聪慧女人，应当如何去做呢？这就要求你懂得调整自己的心态，用对人的眼光而不是对神的眼光来要求自己的男人，包容男人身上的缺点。总体来说，只要做到以下几点即可。

1.学会包容他的缺点

很多人常常会感叹自己的婚姻没有幸福，抱怨自己的爱人一无是处，于是不停地怨恨、牢骚、指责。要知道，这些都是没有包容之心所造成的消极心态。如果任凭这种心态发展下去，那恐怕永远也不会得到想要的幸福婚姻。

你可以学着以宽容的胸怀来包容丈夫的缺点，既然那么爱他，就要接受他的全部。只要有了包容与原谅，那美好的事物自然就会多起来，而幸福也会长久地围绕在你的身边。况且，当他愿意把自己真实的一面展现在你的面前时，那说明他已经不把你当成外人了。

2. 一分为二看待缺点

每件事物都有两面性，一面积极，一面消极。这个世界绝对不存在只有缺点或者只有优点的人。况且，男人的缺点，也不能一概而论，要一分为二地看待。很多时候，如果你学会去发现，那么就会知道他的缺点未尝不是一件好事情！

比如，男人挣不到什么钱，没什么本事，那他就会少一些出轨的可能。而这样你也就不用整晚地想，都快十二点了，他是不是真的在加班；比如男人懒惰，可是他就会有更多的休息时间，这样他在工作的时候就会精力充沛；比如男人没有上进心，那他便会把全部注意力集中在你和孩子的身上；再比如男人每天回家都一身的酒气，可他却是迫不得已，为了应酬，为了多留住一个客户，也为了你们更好地生活……

3.发现他身上的闪光点

每个人有缺点也会有长处。当我们面对眼前这个不完美的爱人时，抱怨、挑剔非但没有用，还会葬送你一生的幸福。所以，聪明的伴侣，总是尝试着去发现对方身上的闪光点，多多挖掘其优点。

鲁冰的老公固执保守、刚愎自用，脾气暴躁、性情单调，又不善交际，尤其不喜欢和领导拉关系……平淡的婚姻生活没有一点转机，鲁冰终于无法忍受下去，她决定出国旅行，回来再和丈夫离婚。

一次偶然的机会，鲁冰请教了一位婚姻问题的专家，专家对她说："如果你还想挽救你们的婚姻，只有一个办法，那就是尽量忽略掉你丈夫身上的缺点，多挖掘他的优点，做个糊涂的明白人。"

出国的日子一天天地临近，当鲁冰尝试着发现丈夫的优点时，竟发现他的优点还真不少。他可以容忍自己不料理家务，能迁就自己撒泼使性，知道关心自己和家人，而且他从不把香烟和烦恼带进家里……鲁冰心上的坚冰一天天地在消融，她对丈夫的感情也与日俱增。

俗话说"千年修得共枕眠"，对待爱人，我们与其纠缠不清，不如难得糊涂，用心来呵护。如果你想要你的婚姻保持美满，那么就放下你的苛责，容许对方的不完美。相信，只有用心去发现对方身上的闪光点，那么爱情的最高境界便会出现在你们夫妻身上。

07. 懂得换位思考，多替对方着想

抱怨并不能解决问题，如果懂得换位思考，懂得站在对方的立场上去做一些事情，那么婚姻必定幸福美满。然而，在婚姻中，很多夫妻却总是抱怨，抱怨对方不再像以前那样体贴，抱怨对方不再像以前那样听自己的话了。可是，被抱怨的一方却有苦无处诉，想都结婚了，怎么可能还像恋爱的时候那样！

生活中，夫妻双方一定要以理性的态度去对待婚姻。只有懂得换位思考，多替他人着想，不奢望对方还像热恋时那样，那么婚姻生活才会美满幸福。

李峰曾经这样说过："真真有一种让他不敢正视的美，她的那种宽容和从容的处世态度都让自己觉得自愧不如。"真真喜欢买品牌服饰，李峰说这代表

了她的品味和品质的高度；真真不会赚钱，但却很会花钱，她总喜欢买一些很漂亮很精致的物品来装饰和丰富自己的生活，他说真真是一个真正懂得享受生活的人；真真就像一个旧时的大家闺秀一样，除了琴棋书画其他什么也不懂，她一直过着近乎于自我幽闭的生活，并说男人养自己所爱的女人是天底下最天经地义的事了。李峰说真真是他从小到大都梦寐以求的完美女人，现在终于被他找到了，自己真是幸运。

但没有多久，两人就离婚了。李峰说真真从来都不体谅自己，从来不管自己赚钱有多辛苦，根本没有节俭的概念，只知道买名牌衣服，还经常抱怨自己没能力。他实在受不了这种日子了。

当初那有着不敢让他正视的美丽的真真，如今风貌依旧，却让那个感到真是幸运的李峰恨不能当初就没有开始过。

真真从一个李峰心中的完美女人，到一个一无是处的女人，这过程中究竟发生了什么？究其原因，就是真真没有从恋爱的角色里走出来，她还以为婚姻是恋爱，还在想着对方给予她浪漫，可是婚姻是现实的，每天都要和柴米油盐打交道。

其实，夫妻间的相处就是琐碎事情的本质。比如，对方喜欢到处乱放东西，而你却喜欢干净整洁；对方喜欢呼朋唤友，而你却喜欢两个人安静相伴；对方的脚太臭……不同的生活习惯，往往会造成争吵的开端。这样，争吵越多，分歧越多，情绪越坏，而考虑自己的感受也就越多，周而复始，越发不可能站在对方的立场上去感受。

因此，我们最好在婚姻中尝试换位思考。已经成为事实的事情，也许不可能发生改变，但是我们至少可以不让彼此间的爱转化为恨。

有一个小孩对他的小姨说："小姨，你一定不要结婚不要生孩子。"小姨问："为什么呀？"孩子说："如果你有了自己的孩子，就不会像现在这样疼爱我了，我就不能常常见到你了，我会很想很想你的。"

孩子毕竟是孩子，我们之所以会平心静气地问他原因，也是基于此。可是，正是因为我们问了，所以才能够通过换位思考了解到他只是太爱小姨，不想以后看不到她。

而我们呢？当我们和一个人相处的时候，又是否会平心静气、耐心地问他(她)为什么?又是否会耐心地听他(她)解释自己的行为？很多时候，我们的愤怒正是由于只认为自己是对的，而从不给予对方任何陈述的机会。

生活中，我们常常会这样想：因为爱，你就应该明白我的心意；因为大家都是成年人，所以你应该像我一样去做事……但是，我们却忘了，在没有认识彼此之前，对方是来自于不同的家庭，成长于不同的文化环境，思维方式和价值观并不与我们一样。因此，你所想的，我并不一定猜得到；而我的行为方式，你也并不一定能理解。

所以，只有通过换位思考，我们才能发现自己已经打开了另外一扇窗户，才能看到一个问题的不同方面。而只有多站在对方的角度去思考问题、看待问题，才是我们珍惜这份爱所做出的应有努力。

08. 对彼此的过去，糊涂一点好

你心里是否有这样的想法：爱情是真挚的，要做到毫无保留。所以，一个人如果属于我，那么他的一切都是我的，现在是属于我的，将来是属于我的，甚至连他的过去都要保证能让我心中有数。不得不告诉你，你这种想法是错的，甚至是一颗不定时炸弹。如果不将它从头脑中驱除，那么很有可能会断送你的幸福。

要知道，世间万物都有一个模糊地带，感情也不例外。每个人都有一个自己的私密花园，有些是希望自己独享，有些是为了保护自己，有些是避免给对方带来伤害，还有一些是为了免去解释的麻烦等。没有人天生就是为另外一个人准备的，也没有人生下来就知道自己寻找的是一个什么样的人，通过生活的感悟和对自己的正确认识，我们慢慢刻画出一个配偶标准，在芸芸众生中慢慢寻找。人活了二三十年，怎么能没有谈过几场恋爱，有一些隐私？我们大可不用全部了解清楚，也不必绞尽脑汁了解对方的情感历史。用心体会和珍惜现在相处的时光，这才是正确对待一段感情的态度。

很少有人能够完全与"过去"断得一干二净，不做恋人，不做朋友，至少可以当一个旧相识，何况他们曾经相恋过。偶尔的问候，困境时的援助，合理公开的接触，这些都是人之常情。你要有一个理解并宽容的态度，不斤斤计较，不耿耿于怀，和和气气地做个大方的爱人。

嘉仪非常喜欢自己的男友，男友的英俊、时尚、体贴常常会为自己赢得好人缘，因此，嘉仪总是很担心哪天会突然跳出一个人把男友抢走了。

有一次，男友打完篮球比赛以后，嘉仪看到一个女孩走过去递给男友一瓶水。嘉仪很伤心，男友知道后解释说："那只是以前的同学而已。"嘉仪不相信，继续追问，男友无奈地说："其实，说实话吧，她是我的前女友，我们在一起交往了一段时间，但两人都发现不适合，还是做朋友比较好。"

听到这些，嘉仪更加生气了："既然是前女友，那你们的感情一定比我的深吧，我是多余的，我该走。"男友说："现在我有你了，和其他的女孩子已经不可能了。你就不要乱点鸳鸯谱了。"任凭男友怎么解释，嘉仪始终不肯原谅男友。

嘉仪的闺密知道这件事后劝她说："你男友对你是真心的，他从来没和哪个女孩子单独相处。你不要一直揪着他的过去不放，这样是不对的。"嘉仪听后非常诧异地说："我有什么错啊？谁让他过去有过女朋友呢，都是他不好!"

过了一段时间，两人终于又和好如初了，男友以为没有什么事情了，但谁知道，嘉仪常常没有理由地就会不高兴，她总是一边哭，一边责备男友对自己不够真诚，男友感到委屈极了，慢慢地变得沉默寡言、垂头丧气。

很多人都会像嘉仪这样，揪住恋人的过去不放，还喜欢翻翻对方的旧账，和伴侣的过去争斗一番，非要占到上风，分出你死我活，仿佛掌握感情的权柄，就能够掌握他人的命运。

人们为什么如此热衷于恋人的过去呢？主要是因为有的人天生敏感多疑，太过患得患失，心中老是缺乏安全感。他们往往对感情抱有不确定性，喜欢猜测和胡思乱想，总是习惯地假想危险的威胁，把自己搞得心神不宁。

有些人对某件事没有得到确定的消息或根据，就会忍不住狐疑瞎猜，按自己的心思胡乱揣摩。当恋人在面对过去的事情时，这些人就开始担心对方有一天会回到过去，哪怕对方的一个眼神都会引起自己的多种假想："他们是不是有过什么故事?"、"他们会不会旧情复燃呢? 那我怎么办?"这种假想，只有说出来，得到一遍遍的确定答案，这些人才会获得安心。

其实，对于恋人们的那些过往，糊涂一点没什么不好，无论对方以前的恋人漂亮与否，是否强于自己，还是不如自己，都没有可比性。更不要探究细节，那都属于过去。每个人在年轻的时候都有过一段感情故事，日后突然想起也难免会有遗憾和伤感，但这些与爱情无关，只不过是对青春的一种回忆罢了。恋人们或许因为自己的冷漠给别人造成了伤害，产生了歉意; 或是因为自己不懂得珍惜，错过了一些美好，但都不代表过去没有结束。所以，只要对方的行为没有超出原则，你就不必小题大做，否则你只会加深他对昔日的怀念和对你的失望。恋爱中的男男女女要相信自己，相信爱人，相信你们之间的爱情。

过去的已经过去，它是凝固的、无法改变的岁月，对待这些已成往事的历史故事，你何必非要做个"考古学家"呢? 糊涂一点更快乐，傻一点，你会过得更幸福。

09. 不要拿你的婚姻跟别人去比较

有一首歌这样唱道："他很好他多好 / 这些我并不需要知道 / 再难忘掉多狂烈的拥抱 / 这回忆他也给不到 / 他多好而我不同的好 / 最后是谁不重要 / 因为我知道爱情不能作比较 / 就算是今天换一个人依靠 / 明天谁又比谁好 / 爱看

不到听不到／怎能作比较……"

是的，爱情不能拿来比较，婚姻亦是。如果我们比较爱情，那么就会被爱情左右。因为在比较的时候，我们已经对其产生苛责，进而无法满足。所以，婚姻根本不需要也不能比较，一份适合自己并令双方满意的婚姻，不管对谁来说都是最好的。

在婚姻里，爱与被爱都是一种幸福，既然彼此选择牵手，就不应该随便说放手。在婚姻里，主角就是你们两夫妻，只要是适合自己的，那就是最好的。千万要记住，自己的婚姻与他人无关，适合别人的未必适合你。在婚姻里，没有最好，只有能不能与你和谐相处的人。这正如鞋子和脚的关系，舒适永远是第一位的。

有一对曾经有过一段婚姻的夫妻。

女人常常问自己的男人"是我好，还是你以前的她好"，或者"我漂亮，还是你以前的她漂亮"，每次，男人都不知道怎样答，既尴尬又扫兴。

还有一次，女人无意中知道了男人有张银行卡的密码是他前任妻子的生日，女人顿时大发雷霆，觉得男人还爱着以前的妻子，于是伤心地向男人提出离婚。

男人显然被惹怒了，不再像以前那样哄着女人，而是很认真地对女人说："现在我们的感情这么好，为什么非要总把以前的事情摆在眼前，让我们两个人起争执呢？我爱的是现在的你，不是过去的她。不要再去比较了，那是没有意义的！"

女人这时才如梦初醒，之后仔细想了想，也认识到是自己太任性了。总是去碰触他曾经的伤疤，既然他不愿回想过去，既然选择的是和自己在一起，那么又何必在意他曾经有过什么呢？

是的，只要我们拥有了现在，只要现在我们是幸福的，那么苦苦计较过去又有何意义！我们应当认识到，婚姻关系的正常解体并不是一件丢人的事。分手与被分手，如果对未来有好处的话，都应当积极看待，至少不能让错误继续扩大下去。

其实，在婚姻中，真诚的爱都是一样的。当我们选择了分手，那么其中必定有一些不能够在一起的原因。如此，我们何必因为过去而让现在烦恼呢？对对方的宽容，也是对感情的宽容，更是对自己的宽容，不能在比较中丢失了现在的拥有。

有过一段婚姻，并不代表什么，如果非要说有，那也只是曾经的选择出现了偏差。我们只有把这段婚姻深埋在心底，那么当新的爱情来临的时候，我们才能有勇气、满怀欣喜地去迎接它。

婚姻，是两个人的浪漫，是经过了爱情考验后的结晶，不是每一对恋人都能走到这一步。婚姻中的另一半给予你爱的同时，也担负起了一种责任。你也一样，或许你的爱人不够完美，或许你对他有不满，但这并不影响你们的幸福。婚姻是两个人的事情，不要总是拿自己的爱人和他人相比，在对比的过程当中，你也将自己神圣的婚姻和爱情放到了天平上。

幸福是心的满足，是爱情的甜蜜，而不是对比和衡量，所以不要总是用世俗的眼光看待你的爱情，对比你的婚姻，这样只能让你在对比、追逐的过程当中迷失，失去了原有的幸福。

芳面容姣好，身材婀娜，婚后几年依然美丽。她的婚姻似乎和她的相貌一样完美，丈夫几乎让她享尽世界所有的甜蜜——除了他们的物质条件和丈夫的相貌，他们并没有宽敞的房子，而丈夫的个子甚至没有芳高。

生活在平淡中一天天度过。平淡久了，终究也就有了厌烦。当厌烦到快要麻木的时候，芳邂逅了另一个男人，那个男人似乎让她看到了一个全新的世界：俊朗的外貌、挺拔的身姿。芳有些心动了。

芳想要离婚。丈夫久久无语。漫长的沉默中，芳拿出小剪刀开始修剪指甲。可是小剪刀有点儿钝了，不大好用。"你把抽屉那把新剪刀递给我一下。"芳说。

丈夫把剪刀默默地递到她面前。芳忽然发现，丈夫递给她剪刀的时候，刀柄的方向朝向她，刀尖朝着他自己。"你怎么这么递剪刀呢?"她有点儿奇怪。

"我一直都是这么给你递剪刀的。"丈夫说，"这样万一有什么意外，也不会伤到你。"

"是吗?"她毫不在意地反问了一句，心却忍不住轻轻一动，"我从来没注意过。"

"那是因为这太平常了。"丈夫静静地说，"我从没有说过，因为我觉得这没有必要说——其实我对你的爱也是如此。从我爱上你的那一天起，我就告诉自己，要把最大的空间给你，要把最大的自由度给你。就像刚才递剪刀时把刀柄给你一样，把爱情的生杀大权给你，让你不会受到伤害——最起码不会从我这里受到伤害。也许我给不了你很大的房子，也给不了和你一起上街时别人羡慕的眼光，可这就是我对你的爱。"

听着丈夫这一句句的心里话，芳的眼眶早已被泪水侵占，紧紧地抱住了丈夫。

一切的比较，在这份细腻到已经融入生命的爱面前，都变得那么不值一提。这样，当我们用内心体验婚姻中的爱时，又怎么不为拥有这样的幸福而感动?

正如这句话说的一样：山外青山楼外楼，比来比去何日休? 是的，好与坏都是相对而言的，婚姻幸福与否不在别人怎么看，不在客观条件如何，而是如人饮水，冷暖自知，唯有自己去感受。所以我们成就幸福的最简捷的方法就是：让自己知足，守护好目前所拥有的。

第九辑

给对手多一点掌声：
别畏惧竞争，对手是你成功的另一双手

人皆会遇到对手。懦弱的人认为对手是障碍，会阻碍自己前进的步伐，强者认为对手是力量，会推动自己不断创造辉煌。其实在某些时候，真正激励我们走出困境、走向成功的，不是亲人和朋友，不是鲜花和掌声，而是那些想将我们彻底打败的对手。面对能够成就我们的对手，我们应该感激、超越，而不是痛恨、害怕。

01.　参与到竞争中去，越竞争越进步

激烈的竞争在当代社会随处可见，每一个人都难免会遇到对手，面临竞争的挑战，利益上你追我赶，荣誉面前你争我抢。此时，大多数人内心的平衡被打破，会对竞争对手产生怨恨、畏惧、逃避等消极心理。

事实上，这是一种非常狭隘的思维方式。这是因为，竞争所给予我们的，不仅仅是危机和斗争，它还是一剂强心针，一部推进器，一个加力挡，能够激发我们求生和求胜之心的动力。

我们先来看一则故事。

为了吸引更多的游客，动物园从遥远的美洲引进了一只剑齿豹。据说，这种剑齿豹非常勇敢凶悍，它们一天能够捕捉三只羚羊，而其他的美洲豹再拼劲儿，一天也就只能捕捉一只羚羊。

为了能够让这个"远方贵客"吃好玩好，动物园的管理员们每天都会为剑齿豹准备精美的饭食，还特意开辟了一个不小的场地供它活动。可这么好的生活条件，剑齿豹不但不感兴趣，还始终闷闷不乐，整天无精打采。

动物园的管理员以为，可能是剑齿豹对新环境不大适应，过一段时间就好了。谁知道两个月后，剑齿豹还是老样子，它甚至连饭菜都不吃了，奄奄一息。这下园长可着急了，连忙请来兽医多方诊治，可是没发现剑齿豹有任何毛病。

就在这时有人提议，不如在剑齿豹生活的领域放几只老虎，或许能让剑齿

豹打起精神来。原来人们无意间发现，每当有运送老虎的车辆经过时，剑齿豹就会站起来怒目相向，严阵以待。这个办法果然很有效，剑齿豹很快就恢复了往日的活力。

从这个故事中，我们得知大自然的法则是"物竞天择，适者生存"。没有竞争，就没有发展；没有对手，自己就不会强大。正是竞争的存在，推动了我们的前进；正是对手的存在，催化了我们的成功！

的确，一个人如果没有对手，自己又缺乏上进心，那他就会甘于平庸，养成惰性，最终庸碌无为；一个群体如果没有竞争对手，就会丧失活力，丧失生机；一个行业如果没有了对手，丧失了竞争的意志，就会因为安于现状而逐步走向衰亡。

因此，我们不应该消极地排斥对手，而应该积极地面对对手，主动参与到竞争中去。此时，对手会促使我们不能退缩、不能松懈，时刻葆有无穷的动力，我们必然能激发出自己的最大的潜力，进而彰显出最优秀的自己！

小朱和张强是一家上市公司营销部两个销售小组的负责人，他们也是众人眼中的死对头。其实这两个人从大学时代就已经认识了，当时他们在不同系，虽然没有直接接触，但两个人之间总是较着一股劲。都说英雄是惺惺相惜的，但是他们两个人就像仇敌一般。

两个人在毕业之后进入了同一家公司，正所谓仇人相见，分外眼红，他们的竞争也从学校延续到了公司。两个人都进入了营销部，但分在了不同的小组，两个人都努力地拿出业绩来，以此相较。虽然他们仇视彼此，但他们之间只有正当的竞争，没有在背后用什么不光彩的手段，而且两个人乐此不疲。

在进入这个公司几年之后，小朱因为业绩突出升职了，成为了他所在小组的负责人。这个结果刺激了张强，没过两个月，张强也凭借着过人的成绩荣升负责人。但这并不意味着两个人竞争的终结。

年初，营销部经理调职，小朱成为了经理，而他成为经理后的第一件事就是将张强升职为副经理。有的人认为小朱让张强做副手是为了嘲讽他，也有人表示不理解，但是只有张强和小朱彼此明白，他们仍旧是竞争对手。张强发挥过人的实力，时刻准备着顶替小朱的位置；而小朱则全力工作，以防自己被顶替。

在互相竞争的过程当中，两个人的能力都得到了大幅度的提升，他们也越来越受领导的重视。在几年之后，他们都荣升到董事会。在对新进员工进行培训的时候，他们都发言了。小朱说："我有今天的成绩除了自身的努力外，还要感谢我的对手张强，因为他我才能时刻保持警醒，才能不断地自我提升。"

虽然两个人是竞争关系，但说的话却非常相似，张强说："人生需要竞争，这样你才能时刻发现自己的不足，时刻保持着奋斗的姿态。"

由此可见，对于一个想干出一番事业的人来说，他们会将竞争当作自己不断努力的动力，无所畏惧地参与竞争，积极地迎接对手的挑战。也正是因此，他们才能不断地成长和强大，为成功打好了坚实的基础。

总之，竞争是一剂强心针，一部推进器，一个加力挡。面对竞争对手时，最好的做法就是相信自己，敢于迎接挑战、积极备战。唯有如此，我们才能不断得到进步和成长，生命也才会更精彩。信守这个道理，你就会是最大的赢家。

02. 对手，失败者的良师

当今社会，竞争无处不在，人们总会主动或被动地卷入竞争中。有人喜欢竞争，喜欢与对手一争高下；有人讨厌竞争，畏惧对手的挑战，尤其是比自己强的对手。

有些人之所以害怕竞争对手，主要是害怕对手将自己打败，将自己挤出闪亮的舞台，逼退至不起眼的小角落。其实，竞争没有什么大不了，有竞争才会有进步和突破。很多时候，我们以为是对手将我们逼到无路可退，而实际上，真正使我们陷入被动的正是我们自己。有这样两段真实的故事，讲的都跟对手有关。

故事一：

在1996年"世界爱鸟日"这一天，芬兰维多利亚国家公园应广大市民的要求，将一只在笼子里关了4年的秃鹰放飞。之后连续好多天，那些爱鸟者们都在为自己的善举津津乐道。

然而，某天，一位游客在离公园很近的一片小树林里发现了这只秃鹰的尸体。人们为此感到十分惊讶，不明白如此凶悍，甚至可与美洲豹争食的鸟怎么会突然死去。后经解剖发现，秃鹰死于饥饿。原来，秃鹰是因为在笼子里关了太久，远离天敌，早已失去了生存能力。

故事二：

日本北海道是著名的旅游地，这里盛产味道鲜美珍奇的鳗鱼。海边的许多渔村都以捕捞鳗鱼为生。但鳗鱼的生命力很脆弱，一旦离开深海区，不过半日便会死去。

很多渔民在捕捞鳗鱼返回岸边后，因为不知道怎么安置鳗鱼，从而导致其全部死去。但很奇怪，有一位老渔民在每次捕捞完鳗鱼返回岸边后，鳗鱼还总是活蹦乱跳的。由于鲜活的鳗鱼价格要比死亡的鳗鱼价格贵出一倍以上，所以几年下来，其他渔民都只是维持温饱，而那位老渔民却成了远近闻名的富翁。

老渔民在临终之际，把将鳗鱼不死的秘诀传授给了儿子。原来，老渔民会在整仓的鳗鱼中放进几条叫狗鱼的杂鱼，狗鱼和鳗鱼是出了名的"死对头"。几条势单力薄的狗鱼遇到可怕的对手，便惊慌失措地在鳗鱼堆里到处乱窜，这样一来，反倒把一船舱死气沉沉的鳗鱼给刺激活了。

这两个故事说明了谁都需要对手。有了对手，才会有危机感，才会有竞争力，才能不被充满竞争的社会淘汰。

有人说，对手是失败者的良师，这话是很有道理的。通常，最后败在冠军手下的人，最有希望成为下一场赛事的冠军。失败者可以从对手的成功案例中学习经验、取长补短、完善自我，为成功积累资本。第二次世界大战后，作为战败国的德国和日本，之所以能够迅速崛起，跟他们善于学习强国的经验密不可分。

如果你已是一个成功者，请仔细回想一下，真正帮助你从失败中走出来的，可能不单是你的能力、你的朋友和亲人，更多的时候，还有你的竞争对手。

另外，对手还像是一面镜子，可以照见我们的优势，也可以照见我们的不足。如果没有了对手，我们也不会发现自己的这些不足并加以改正。所以，对手的存在会让我们看清自己，让我们做得更好。

除了要有竞争对手，还要学会选择竞争对手。俗话说，一个人的身价高低，就看他的对手。没有选对对手，你就看不出自己的价值，也激发不出你真正的能力。正如古人所讲的："下棋要找高手，弄斧须到班门。"要提升自己，不仅需要面对对手，更需要挑战高手。

一个真正相配的对手，是一种非常难得的资源。从某种意义上说，两个强大的对手之间是相斥又相亲的。他们会斗得昏天黑地，也会把对方当作不可缺少的至交。在他们斗得最激烈的时候，也是彼此最辉煌的时候，如果有一方消亡，另一方就很有可能走向衰退，除非他能涅槃重生或是找到新的对手。

在我们的生活中，虽然低水平的对手也有值得我们学习的地方，但是对于我们的成功作用不大，有时甚至会影响我们水准的发挥。所以，我们不要只选择比自己弱的人较量，还要多选择与我们旗鼓相当或是比我们水平高一个层次的人，因为只有和这样的人竞争，才能更快地让自己进步，才能让自己变得强大。

另外，对手不单单指的是某一个人或单位，在浩瀚的宇宙中，凡是对立的，都可以称之为对手，生活因为有了对手而变得精彩。白天是黑夜的对手，它们却促成了神奇的昼夜交替；生存是死亡的对手，它们却演绎了生命轮回的历史；过去的你和今天的你也是对手，他们让你不断向前，变得更加优秀。对手无处不在，我们应该正视，而不是抗拒。

03.　对手不是仇人，是奔跑的助力

不管是被竞争对手马不停蹄地追赶，还是拼尽全力追赶竞争对手，都会让人感觉到疲惫，甚至有心力交瘁、力不从心之感。有人会因此咒骂对手，认为是对手给自己平添了一道道烦人的坎。诚然，对手给我们带来了很多忧患，但不能因为这样，就无视对手给自己带来的积极意义。

一个人如果没有竞争对手施压，就很容易失去忧患意识，变得贪图安逸，只想坐享其成，而这样是不会有大出息的。想一想，不正是因为对手的存在，我们才能不停歇地向前行进，才能快速进步吗？

百事可乐和可口可乐一直是年轻人的最爱，两者各有一大批忠诚的拥护者，这为它们各自的发展起到了保驾护航的作用。

最初，可口可乐一家独大，百事可乐并不起眼。为了安身立命，在20世纪六七十年代，百事可乐给自己定下了"赶超可口可乐"的目标。在进行了充分的市场考察后，百事公司推出了一系列吸引客户的促销计划，并请众多大牌明星代言，开始一点点吸引年轻顾客。

可口可乐公司在意识到自己即将失去市场领导地位后，大为震惊，马上召集专业市场专员对市场形势，以及百事可乐的优势作出详细分析。根据分析报告，可口可乐公司重新制定一套出色的营销策略。为了不被可口可乐再次落下，百事公司开始从企业文化入手，将百事可乐进一步打造成独具特色的品牌。

就这样，两家公司开始了各种各样的竞争，结果却创造了这样的历史纪录：在接下来的 5 年中，软饮料业的创新比之前 20 年间的创新还要多，两家公司的市场份额都达到了历史最高水平。

百事可乐和可口可乐之间的竞争是良性的，你追我赶的竞争使他们达成了双赢的局面。这两家公司的真实案例再一次说明了，对手不是仇人，而是激励我们不断向前奔跑的助力。

很多实例都说明了对手就像是推动我们不断进步的一双手。当我们被对手追赶，并很可能被超越时，我们才会毫不懈怠、全力以赴地奋力拼搏，这让我们始终向着更好的方向发展。所以，面对和自己匹敌的对手时，我们应该以欣赏的目光去感谢他们。

康熙在继位 60 周年那天，特举行"千叟宴"以示庆贺。宴会上，他总共敬了 3 杯酒。第一杯敬孝庄太皇太后，感谢她辅佐自己登上皇位，一统江山；第二杯敬众大臣和天下万民，感谢众臣齐心协力尽忠朝廷，万民俯首农桑，天下昌盛。在康熙端起第三杯酒时，他郑重地说道："这杯酒敬我的敌人，吴三桂、郑经、葛尔丹还有鳌拜。"

此言一出，宴会上的大臣皆目瞪口呆。康熙接着说："是他们逼着我建立了丰功伟绩，没有他们，就没有今天的朕，我感谢他们。"

康熙作为一代圣君，眼界之高委实令人钦佩。他在打击对手时，没有半分手软，在评价对手时，又极为理智，难怪会保江山 60 年太平昌盛。在现代社会中，也有一些人对对手充满感激，认为对手会促进自己不断进步。

有一个国家运动员，他就像是国家体坛上的一个神话，他成功的秘诀除了刻苦训练外，还有就是不断找对手，并试图超越。在一次奥运会中，他脱颖而出，成了一匹黑马，进入了人们的视线。在那次比赛结束后，他说："如果要为我今天没破世界纪录找一个原因的话，应该就是我的对手没有参加决赛。"他还说，从小他就是一个不服输的人。初中时候，他夺冠的项目曾是他最薄弱的一个环节，几乎从没达标过，他每次都不能坚持，进行到一半就会因身体不适而放弃。但是在一次体育课上，因为他和一个学业上的"死对头"被分在一组，为了不输给对头，他便忍着身体上的不适完成了整个项目，还达标了。他坦言，他很感谢当初那个"死对头"，是那个人让他突破极限、超越自我。

无论古代还是现代，都遵从"不进则退"这样一个定律。没有竞争便没有进步，没有进步就代表着退步。世界上没有一个人永远都是弱者，只要肯付出努力去竞争，就会化弱为强，走出困境，走出落后。

当我们遇到生命中一个又一个有形无形的对手时，不要逃避，逃避对手就等于逃避进步。当我们觉得失去前进的动力或者无法再继续之前的辉煌时，不妨主动给自己找一个合适的强大的竞争对手，然后在对手制造的竞争环境中成长，尽自己最大的努力超越他。

04.　一笑泯恩仇，对手成朋友

如果有个别对手总是跟你过不去，处处为难你。那么，你可以考虑，是否能用些善意的举止让对方放下对你的敌意。通常，让对手不再仇视你的最有效方法，莫过于在他最需要帮助的时候拉他一把，让他真心把你当成朋友。

很多历史名人都是化敌为友的高手，就比如美国的前总统林肯。林肯对竞争对手向来很宽容，这引起许多议员的不满，一位议员曾质问他："您为什么不消灭您的竞争对手，而是要和他们交朋友？"林肯微笑着回答："当他们变成我的朋友时，不就等于我消灭了他们吗？"

化敌为友，不仅能够一笑泯恩仇，还能使自己走出不利局面。在中国古代，一位叫司马熹的大臣曾经用化敌为友的方法，将自己带出了困境。

战国时期，有一个小国叫中山国。司马熹是这个国家的相国，他勤于政事，在与国君商讨国家大事时，常常忘记了时间，有时候一谈就谈到了半夜。而中山国君也十分愿意听他的谋论和规划，常常为此忽略了后宫，这让后宫一众嫔妃对司马熹很不满，其中敌意最大的就是国君的宠姬阴简。

一逮到机会，阴简就在国君面前说司马熹的坏话，渐渐地，国君对司马熹的态度就真的有所转变。司马熹知道阴简对自己的敌意后，觉得绝不能坐以待毙。

没过多久，机会就来了。战国七雄之一的赵国为了互通有无，专门派了一位使者出使中山国。对于赵国来使，小小的中山国自然不敢怠慢。国君专门命司马熹寸步不离地陪伴在赵国使臣身边，嘱咐他决不能有一点怠慢。

在一次宴会上，使者无意间看到了貌美的阴简。赵王喜好美人，正在四处寻找使者便在回国后将中山国的见闻告诉了赵王。使者对赵王说："我曾经游历过许多国家，阅美女无数，自认为没有谁比得上中山国国君的宠妃阴简。她容貌倾城，仪态婀娜，就如下凡的仙女一样。"

这番话让赵王蠢蠢欲动，想到中山国不敢开罪自己，于是再次派使者出使中山国，请求中山国国君把阴简送给自己。

中山国国君生平最宠爱阴简，哪里肯相送。但如果不给，以赵王的气势必会报复中山国，很多百姓便会因此蒙难。

就在中山国国君左右为难、束手无策之时，没想到司马熹找到他，向其进谏："臣有一个办法，既可以回绝赵国，又可以避免百姓罹受侵略之苦。"

国君高兴万分，忙问是何办法。司马熹便建议国君立即册封阴简为王后，这样赵王为了维护双方体面，便会放弃要人。中山国君马上照办，就这样，中山国保全下来了，阴简也顺利地做了王后。

阴简因为司马熹向国君谏言册封自己为王后，不但不再忌恨司马熹，反而对他感激涕零，尊重有加。司马熹终于摆脱了不利局面。

硬碰硬地消灭敌人并不能显示出我们的智慧，因为与之对峙的同时，我们自身的精力也会有所损耗，而用和对方交朋友的方法消除敌人就高明很多。

帮助对手，和对手交朋友，我们就会少一个敌人，少一份危险。有些情况下，由敌人转变而来的朋友，更能帮助自己成就一番事业。所以，帮助敌人不但是保护自己，更是为自己找到更大的助力。

一年前，Mike被公司派去Y城做分公司的总经理，主要任务就是提升本公司的冰箱在当地的销量。由于 Y 城已经有一家很有名的冰箱生产商，所以 Mike 公司生产的冰箱在 Y 城的销售业绩很不好，所以对于此次任命，很多同事都为 Mike 抱不平。

然而，一年后，Mike 满面春光地回到了总公司，他不仅让本公司冰箱在 Y 城的销售量有了很大的提高，而且还让 Y 城的分公司取得了销售业绩第一的好成绩。一时间，多家分公司的经理来向他取经。

Mike 说，最初接到公司任命的时候，他也很失落，甚至有过辞职不干的念头，但不服输的个性还是让他坚持了下来。刚去 Y 市时，Mike 发现本公司已经被当地那家知名企业挤到了市场边缘，但他没有因此而灰心，而是根据当地环境，制作出了全新的营销方案，并积极和各零售商联系。

经过各方面努力，Mike 成功吸引了许多客户。就在这个时候，Mike 的对手公司因冰箱出现质量问题而被客户投诉，媒体也对其进行了曝光。按常理来说，Mike 对这种情况应该是喜而乐见的，但出乎所有人意料，他在对手公司最困难的时候找了过去，不仅亲自为对手出主意，还让自己手下的技术人员帮助对手公司找出冰箱的问题源头。最后，终于使对手渡过了难关。

通过这件事，Mike 的公司在 Y 城名声大振，对手公司也对其礼遇有加。借助这股东风，Mike 和对手公司就市场规划、促销活动等情况做了很好的沟通，最终使自己的公司成功上位。Mike 说，正是因为和对手化敌为友，才让他更顺利地拓展业务，使分公司走上正轨，并为人所熟知。

在对手需要帮助的时候有风度地伸出援手，可以轻轻松松斩断许多不必要的纷争，也可以为自己赢得许多鲜花和掌声。

很多时候，帮助对手就等于帮我们自己，就如爱默生所说："人生最美丽的补偿之一，就是在真诚地帮助了别人之后，同时也帮助了自己。"当我们把对手的路堵死，同时也让自己无路可退的时候，想一想，是否可以先向对手施以援手，再借助对手的力量开拓自己的路。

05. 相信自己，别输在心理素质上

和对手竞争，比的不单单是外在实力，还有各自的心理素质。通常来说，心理素质较强者，会在竞争中做到沉着冷静、从容不迫，最大限度地发挥自己的专业水平；而心理素质较差者，则会在竞争中出现紧张不安的情况，从而使失误率增加，难以发挥出真正的水平。

对于外在实力相当的两个竞争者来说，最后胜出的肯定是那个心理素质好的。如果你自认各方面条件都不比对手差，却总是赢不过对手，就要想想，是不是自己的心理素质不够好。

在竞争这个问题上，有这样一种效应，名叫"詹森效应"，指的是在竞争中因为心理素质不佳而导致失败的心理现象。此效应来源于这样一个故事。

丹·詹森是美国顶尖的速滑运动员，但在奥运会比赛上，他却连续失利，人们把他的失利归结于心理素质不好。

1984 年，南斯拉夫萨拉热窝奥运会上，丹·詹森名列 500 米速滑第四。

1988 年，在加拿大卡尔加里的冬季奥运会上，丹·詹森是夺金的热门，但就在 500 米速滑比赛那天早上，他的姐姐因患肺炎去世，这让詹森的情绪受到了不小的影响，从而没能发挥出最佳的水平。在随后的 1000 米速滑比赛中，

他再次失利。

1992 年，在法国阿尔贝维尔的冬季奥运会上，丹·詹森依然是夺金热门，但在 500 米的速滑中，他只得了第四名。在 1000 米速滑这一项目上，他竟然位列第 26 位。

1994 年，在挪威利勒哈默尔冬奥会上，丹·詹森是最被看好的 500 米速滑运动员，但是在比赛中，他不慎滑倒，最终只得了第 8 名。

面对奥运会如此重要的比赛，极具实力的詹森却一再失利，实在令人惋惜。但詹森并没有因此放弃最后一次机会，也就是 1000 米速滑。在他的所有对手中，有 6 个人的成绩要好于他，但这一次，他自始至终都发挥稳定，最终以 1 分 12 秒 43 的成绩打破世界纪录，并夺取金牌。这枚奥运金牌为他的奥运生涯画上一个完满的句号，也帮他打破了"凡大战不能获得金牌"的魔咒。

詹森绝对是一个训练有素的顶尖运动员，只是他较为薄弱的心理素质拉了他的后腿。

在日常生活中，有些学生，明明学习特别扎实，但一进考场就失去了平常心，最后只能饮恨败北。这些人之所以不能保持平常心，最重要的原因之一就是过于看重输赢。在竞赛中，过多地考虑输赢和成绩，就会出现紧张、害怕等负面情绪，这样就很难冷静地思考问题，很难发挥出最佳水平。

在比赛中，那些心无旁骛，把主要精力集中在比赛过程以及具体问题上的人，通常都能正常或超水平发挥，从而使最终成绩超过和自己水平相当或好于自己的对手。在体育界有一颗闪闪发光的明星，他为国家夺得荣誉，同时也以心理素质过硬而著称，他曾经说过："当技术难分伯仲时，就要靠心理素质去战胜对手。"这个体育明星的精神显然影响了本国的体育圈，使得国家体育圈中的很多人都拥有了过硬的让人佩服的心理素质。

在一次奥运会上，一个团体让本国的观众流下了激动的泪水。大家感动的，不止是他们赢得的那枚金牌，还有他们临危不乱的精神。

事实上，他们决赛上夺冠的过程并不轻松，甚至可以说非常艰险。最初，他们比分落后另一个国家队两局，不少人担心他们会因此方寸大乱，无法正常发挥。但值得高兴的是，这些人并没有一点慌乱，在形势极度不利的情况下，他们仍然沉着冷静地配合着，步步紧追对手，最后竟连赢三局，以 3:2 的成绩赢得了比赛。

在这场比赛中，如果换作别人，或许早就乱了阵脚。但这个团体却靠着超强的心理素质使比赛结果来了个大逆转，比起一开始就赢过对手，这样克服重重困难、顶住心理压力最后获得胜利的过程更加让人感到欣喜。

如果你正在为迟迟赢不过对手懊恼，或者为走不出"千年老二"的怪圈而疑惑，就想一想是不是自己的实力还不够强。如果你的外在实力没问题，就要反省一下，是不是输在了心理素质上。

克服心理障碍有很多办法，最主要的就是要相信自己，不要给自己增添太多"输赢"方面的压力，也不要太在意别人对自己的看法，毕竟一次的成败并不能说明所有问题。另外，还要不断提醒自己要静下心来，把注意力都集中在所做的事情上。《道德经》中讲"致虚极，守静笃"，就是说，要专注到一个极点，要守住心，让精神高度统一。只有心无杂念，思想高度统一，才能减少失误。

06. 每个人都能找到自己的优势，你也不例外

　　有些人在竞争中屡屡受挫，究其原因，并不是因为他们笨或者不够努力，而是不爱动脑子，不懂得运用自己的优势。不动脑子让我们在与对手竞争时总是感到困难重重，从而半途而废。其实，很多事情并不难，如果能充分利用自己的优势，就能最大限度地发挥潜能，从而让别人刮目相看。

　　有人说，我并没有什么优势，各方面能力都很平平。情况果真是这样吗？其实，只要善于观察，每个人都能找到自己的优势。所谓优势，和自身的兴趣分不开，人们最擅长的事情往往是自己一直以来最感兴趣的。若想将最出色的自己表现出来，最好的办法就是找到自己的兴趣，找到自己的特长，然后坚定地走下去。

　　常言道"扬长避短"，我们不要去啃硬骨头，不要在弱势上和别人竞争，而是要发挥自己的长处。一个人能否在竞争中获胜，能否最终走向成功，关键是看他能否在自己的优势项目上发展，并最大限度地发挥自己的特长。

　　奥托·瓦拉赫是诺贝尔化学奖获得者，他的成才历程充满了传奇色彩。

　　为了让儿子能成为同龄人中的佼佼者，瓦拉赫的父母在儿子刚上初中的时候，就为他选择了一条文学之路。不料一个学期下来，语文老师给出了这样的评语："瓦拉赫学习很用功，但过分拘泥，这样的人即使拥有再强的学习欲望，也不可能像那些有天赋的学生一样，在文学上做出一番成就。"

第九辑　给对手多一点掌声

247

同班同学好像各有自己的特长，为了不被落下，瓦拉赫改学油画，可是他对艺术的理解力不强，既不善于构图，又不会调色，油画成绩在班上倒数第一。美术老师给他的评语直白到让人无法接受："你是绘画艺术方面的不可造就之才。"

在很多老师看来，瓦拉赫根本比不过那些有天分的同学，他的成才之路也十分暗淡。但化学老师却对他另眼相看，认为他做事一丝不苟，具备做好化学实验应有的品格，建议他学习化学。本身就对化学感兴趣的瓦拉赫也十分想学化学，于是他的父母开始着重培养他在化学方面的能力。从此，瓦拉赫的潜能被充分发挥了出来，智慧的火花也蹭地被点燃了，他一下子成了人们公认的化学方面的天才。

谁也不是全才，每个人都有优势和弱势，只要我们找到自己智能的最佳点，就能让智能潜力充分地发挥出来，并且能够在某一领域做出惊人的成绩，这一现象被人们称为"瓦拉赫效应"。在生活中，竞争无处不在，如果我们能运用好"瓦拉赫效应"，就不会成为轻易被打败的那一个。

如果你和瓦拉赫一样，在某些不擅长的方面屡屡碰壁，比如作文考试总得不到高分，体育考核总是很难达标，或者在做某项工作时总是不如同事做得好，不要因此气馁，也不要以为自己就比身边的人差。尝试去做你擅长的事情，在你擅长的领域和他们比试比试，你会发现，原来你也可以如此优秀。有这样一个故事。

在一片森林里，有一所名叫"喜气洋洋"的学校。又是新的一年，学校迎来了一批新同学，新同学们都很上进，都希望自己能成为学校里最出色的学生。

第一天上课，上的是音乐课。音乐老师是一只上了年纪的黄鹂鸟，它的歌声婉转，同学们听得如痴如醉。可是等到要同学们挨个唱歌时，却没有几个人能唱出动听的声音。小鸭子一直"嘎嘎"叫，小羊"咩"个不停，只有小黄鹂把一首歌完整地唱下来了，而且唱得非常好听。小黄鹂很开心，小鸭子却很难过，觉得自己实在是太差劲了。

第二天，上的是田径课。小马很兴奋，一口气围着椭圆形的操场跑了一圈，然后坐在终点线上，悠闲地看着别的小动物迈着笨拙的步子缓慢地往自己这边走。小鸭子捂着快速跳动的小心脏，苦着脸想：看来自己什么都比不过别人。

第三天，上的是爬树课，小鸭子依旧是落后的，只能扒着树根，眼巴巴地看小猴子在树顶耀武扬威。于是，小鸭子有了退学的想法，并将这个想法告诉给了老绵羊校长。校长摸摸小鸭子的头，和蔼地对它说："每个人都有自己的优势，小黄鹂的优势是唱歌，小马的优势是跑步，小猴子的优势是爬树，你当然也有你自己的优势。你还是再坚持坚持吧，很快，你就会了解不是你比不上别人，而是你们各自的优势不同。"

小鸭子听了校长的话，继续乖乖上学。第四天，是游泳课。小黄鹂一沾水就被呛到了，小马直接从河中蹚了过去，小猴子只知道玩水，只有小鸭子畅快地在水中游来游去，还被老师夸奖。小鸭子这才明白，不是自己比不过别人，是之前一直没有找到自己的优势。

这个故事告诉我们这样一个通俗的哲理，要做自己擅长做的事，不要做自己身体条件不能驾驭的事。在现实生活中，如果我们看不清自己的优势，比如明明有音乐天赋，却学了美术或者计算机，那么我们就很可能在竞争中屡屡碰壁，难以取得最后的胜利。

想要成为竞争中的胜利者，就要先问问自己到底能做什么，你的优势在哪里。当然，无论做任何事都不能太着急，也许，你一时半会儿找不到自己的优势，不要因此就感到绝望。只要你坚持做自己喜欢做的、感兴趣的事情，你就很有可能将这些事情变为你的优势。如果某一天，你在做某类自己喜欢的事情时，不再磕磕绊绊，而是能够轻轻松松将其做到完美，这就表示，你已经创造出了你的优势。

07. 为对手鼓掌，失败没有什么大不了

和对手博弈，如果输给了对手，我们难免会有嫉妒、仇视、不服气的情绪出现。而一味地沉陷于负面情绪中，就会让自己看不清失败的真正原因，从而导致再一次失败。

相比较"对手"而言，人生更强大的敌人其实就是自己。一个人想要战胜对手，就要先战胜自己的嫉妒、仇视心理。如果你学会了在对手胜利的时候为其鼓掌，那么你赢来的就不仅是对手的友好，还有更多人的钦佩。

一个能为对手鼓掌的人，势必是一个内心强大的人，而一个内心强大的人必定不会是真正的失败者。

在某届奥运会的乒乓球女子双打比赛中，中国队的两名运动员先是以微弱的优势战胜韩国队后，后又顺利地战胜本国队友，最后顺利登上冠军领奖台。

在她们上台领奖时，作为铜牌获得者的两名韩国队运动员竟面带微笑地双双为刚刚打败自己的对手鼓起了掌。后来，当获得银牌的两名中国运动员登上领奖台时，她们再次鼓掌。

这两名韩国运动员是可爱的，她们为刚刚打败自己的对手鼓掌，不单单是一种理解，也不单单是一种祝贺，那是一种肯定，是心胸豁达的表现。总有一天，这样的人会成为从失败中走出来的强者。

肯为对手鼓掌的人总是为人们所钦佩。纵观整个世界，不少真正有实力，尊重自己职业的人，就算被竞争对手打败，也会真诚地为对手鼓掌。

有一场激烈的世界职业拳王争霸赛，比赛的双方是美国两个职业拳手，一位年长些，叫卡菲罗；一位年轻些，叫巴雷拉。

两个人实力相当，在上半场打了6个回合后，还是难分胜负。到了下半场第7个回合，小将巴雷拉接连击中老将卡菲罗的头部，将他打得鼻青脸肿。

很快，到了短暂的休息时间，巴雷拉快步走向卡菲罗，真诚地向他致歉，并用自己的毛巾一点点擦去卡菲罗脸上的血迹。接下来两人继续交手，或许是因为年纪大了，体力大不如前，卡菲罗一次又一次地被巴雷拉击倒在地。但很多次，在卡菲罗无法在规定时间内站起来时，巴雷拉会主动上前将他扶起来。卡菲罗在被扶起后，会微笑着和对手巴雷拉击掌，然后继续交战。

裁判和观众从来没有在拳击场上看到过这样的场景，所以都感到很惊奇。最终，卡菲罗以108：110的成绩输于巴雷拉。

赛后，两个人紧紧拥抱在一起，相互亲吻对方被击伤的部位，俨然一对亲兄弟。卡菲罗更是真诚地向巴雷拉祝贺，一脸喜悦，他还握住巴雷拉的手，将其高高举过头顶，向全场的观众致敬。凡是观看过这场比赛的观众，不管是哪个国家哪个民族的人，几乎都被赛场上的两个人感动了。巴雷拉赢了，却赢得十分大气，卡菲罗虽然败了，但败得很有风度。

平凡的我们，在生活中也总会遇到各种对手。上学时有学习上的对手，上班后有工作上的对手，生活中更是有各式各样因攀比、谋取共同利益而产生的对手。在面对这些对手时，与其针锋相对，把关系弄得很难堪，不如尝试去欣赏对方的优点，在对手有出色、出彩的表现时，为对手鼓掌。

电视上曾播出过这样一个生动的节目：一家知名企业招聘一名海外经理，三位求职者为此展开了激烈的角逐。由于职位只有一个，大家都是铆足了劲表现自己。

在面试过程中，其中有一位求职者的演说非常精彩，在他说完自己的竞争宣言之后，竟然有一个竞争者情不自禁地为他鼓起了掌，这引得评委和现场观众也跟着鼓起掌来。最终，这位主动友好为对手鼓掌的竞争者获得了评委的一致好评，最终赢得海外经理一职。

上面这位为对手鼓掌的竞争者是大度的，他真心欣赏优秀的竞争对手，也不介意别人把赞许的目光都投给这个对手，他要以真正的实力来赢得竞争。从中可以看出，能够坦然地为对手鼓掌，也是一种自信的表现。善于为对手鼓掌的人，是愿意与对手进行真正的光明之战的。

武侠片中的大侠们在搏杀时，如果有一方技艺精湛，另外一方肯定会发自内心地敬仰，并不吝啬向对方表示赞赏。如果一方因受伤而影响比斗时，另一方也会豪迈地说声来日再战，绝不会趁人之危。如此大侠，称得上是真正的大侠，就算战败也是值得尊重的。

在生活和工作中，我们每个人都会遇到对手，我们不能因为嫉妒对手或是自己技不如人，就咬牙切齿，故意诋毁或在其背后搞破坏，这样不仅不会消灭对手，还会将自己置于更糟糕的境地。与其让那么多负面情绪伤害自己的身心，不如放宽自己的心胸，微笑着为对手鼓掌。

赞赏对手，为对手鼓掌还有许多丰富的意义。当对手力不从心时，你的掌声是力量；当对手气馁时，你的掌声是鼓励；当对手被大众质疑时，你的掌声是支持；当对手战胜你时，你的掌声是赞赏和自信。

给对手掌声需要勇气，给刚刚打败自己的对手掌声更需要勇气。漫漫人生路上，我们总有很多机会去得到自己想要的，所以，失败并没有什么大不了，只有懦弱的、没有实力的人才输不起。与其做一个心怀嫉恨的失败者，何不拿出勇气，做一个心胸豁达的、让对手都不能再小觑你的人。

当然，为对手鼓掌，并不是要刻意抬高别人，贬低自己，而是对对手出色成绩的一种肯定。肯定对手，自然就会学习对手身上的优点，不断提高自己的能力。相信，肯为对手鼓掌并积极学习对手优点的人，很有可能会是下一个站在冠军位置上的人。

08.　没什么不可能，有时跟对手合作能实现共赢

因为竞争对手的存在，一件本来很简单的事情会变得难办很多，但也因为竞争对手的存在，一件事情可以比预想中的更好、更快地完成。在当今这样一个越来越灵活的社会里，没有什么事情是不可能的，就比如两个"死对头"突然抱团，共同去做某件事情。

所谓志当存高远，跟对手合作并不是什么稀罕事，如果合作能够带来双赢，何必非得不停地厮杀？当你的生活、学习或工作遇到瓶颈，怎么也不能达到预期目标时，就可以考虑和对手握手言和，联手将事情做好。

每当大地回春，便是沙丁鱼向近岸作生殖洄游、返回大海的时节。尽管沙丁鱼数量庞大，密如星斗，但在返回家园的过程中，它们像训练有素的军队一样，始终排着整齐的队伍。在它们身后，猎食的海豚队已经悄悄追随了很多天，只等在适合的时机和水域向它们下手。

当沙丁鱼们随着海水的"洋流"进入浅水海域时，海豚队会突然冲出来，将其中一部分沙丁鱼截断，使它们和大部队分离。但是海豚队想要在短时间内吃到可口的沙丁鱼，也是十分困难的。因为海豚不能长期待在水底，每隔几分钟都要浮到水面进行呼吸。在海豚轮岗换气呼吸时，沙丁鱼们会更紧密地"挤"在一起，上蹿下游或左冲右突，从而使海豚追得筋疲力尽。

通常在海豚们体力不支时，它们的天敌鲨鱼会因为嗅到它们身上的气味而突然杀过来。可是，每当鲨鱼快速靠近海豚，准备进行一场生死搏杀时，会突然停手。这当然不是因为鲨鱼突发善心，而是它们被海豚追赶着的沙丁鱼吸引了。团结在一起的沙丁鱼像是一个巨大的鱼肉团，吸引着鲨鱼自发地游到海水深处，也就是沙丁鱼群的下方，鲨鱼在那里堵截沙丁鱼。就这样，深水层的鲨鱼和浅水层的海豚相互配合着，以"包饺子"的战术围住了沙丁鱼。

在被严密包剿时，沙丁鱼会变得茫然失措，为了逃命，他们会没有方向地上蹿下跳，但最后，也只能冲进一张张巨口中，为海豚和鲨鱼充饥。

鲨鱼和海豚都是聪明的，尽管它们势不两立，但在共同的利益面前，却很默契地联合在一起，从而达到了双赢。在商界，或许今天的两个对手还在为生存而相互争斗、厮杀，但也许明天，两方就会携手共进，结为联盟。能审时度势的人是最聪明的。

不过，不是所有人都有这样的胸怀，更多的人会一直把对手看作势不两立的人,宁愿一起灭亡,也不愿意成全对方,就算偶尔和对手联手,也绝不会和对手分享胜利的果实,就比如下面故事中的两个主角。

狮子和野狼同时发现了羚羊,便商量着一起捕获羚羊。它们配合得挺好,当狮子把羚羊扑倒在地时,野狼一口咬住羚羊的脖子。可是突然间,狮子起了贪心,不想和野狼平分美餐,便把野狼咬死了。不过,它在撕咬野狼的过程中,自己也身受重伤,无法享受美味。

在这个故事中,狮子和野狼原本是对手,为了共同的目标而结成了盟友,但很遗憾,他们并没有将友好持续下去,狮子的私心最终导致了悲惨的结局。

动物界如此,人类社会也是如此。曾经有一位心理学专家做过这样一个实验:

心理学家让受试者两两一组,不能商量,各自把想要得到的钱数写在纸上。如果两个人写下的钱数之和刚好等于100或者小于100,那么,他们就可以得到自己写在纸上的钱数;如果两个人的钱数之和大于100,比如120,那么他们分别要付给心理学家60元。实验结果如何呢?几乎没有一组受试者写下的钱数之和小于100,他们不仅没有赚到钱,反而要付钱给心理学家。

心理学家认为,人天生就有一种竞争意识,当两个人发生利益冲突时,竞争就会产生。就算双方联起手来能得到不少好处,其中一方还是很难接受另一方得到的利益比自己多。而持有这样的想法,最终只能是什么也得不到。

上面两个小故事都提醒我们,与其和竞争对手拼个鱼死网破、两败俱伤,不如少一点贪心,多一点理解和诚信。如果凡事都爱算计,最后就只会将自己也算计进去。